沛霖·泓露 著

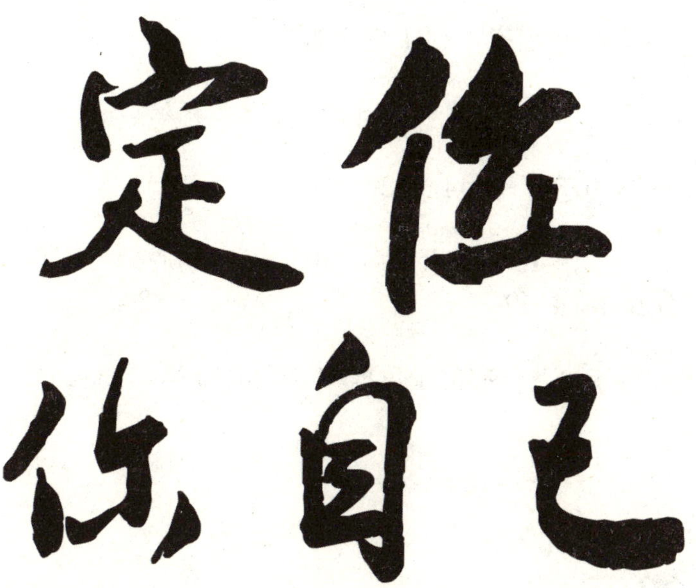

定位你自己

DING WEI NI ZI JI

谁不能主宰自己，
谁就永远是一个奴隶。
想左右天下的人，须先左右自己。
——（希腊）苏格拉底

中国商业出版社

图书在版编目（CIP）数据

定位你自己 / 沛霖·泓露著. -- 北京 : 中国商业出版社, 2017.5
ISBN 978-7-5044-9722-2

Ⅰ. ①定… Ⅱ. ①沛… Ⅲ. ①成功心理－通俗读物 Ⅳ. ①B848.4-49

中国版本图书馆CIP数据核字(2017)第031582号

责任编辑：姜丽君

中国商业出版社出版发行
010-63180647　　www.c_cbook.com
（100053　北京广安门内报国寺1号）
新华书店经销
永清县晔盛亚胶印有限公司
*
720×1000毫米　16开　16印张　200千字
2017年6月第1版　2017年6月第1次印刷
定价：38.00元
* * * *
（本书若有印装质量问题，请与发行部联系调换）

前言

人生在世，没有好的定位，就没有宏大的目标，就做不成任何大事，要想一生取得辉煌的成就，就需要给自己一个好的定位，正如拿破仑所说:“不想当将军的士兵永远不是个好士兵。”这就告诉我们：只有你把自己的目标定位在将军的位置上，你才能有所追求而成为优秀的士兵，然后才有可能成为将军。

被人们誉为“钢铁大王”的安德鲁·卡内基在33岁时就使自己建立的钢铁公司跃升为美国最大的钢铁公司。那一年，他在自己的备忘录中写道:“人生必须有目标，而赚钱是最坏的目标。没有一种偶像崇拜比崇拜财富更坏的了。”

这不是说，工作可以不靠金钱的维持，更不是说，人们可以不靠金钱而生存，金钱本该是工作的回报，而且应该是工作得越好，金钱的回报越多。问题只是，当你把注意力由工作转向金钱之后，分散了对工作的专注，偏离了工作原来的目标。急功近利的做事态度，使人直接地奔向金钱，而无心顾及理想，更无暇完成理想。

有很多人之所以在社会上生存而没有地位，原因不在于社会对他不公，而是他不能给自己好好地定位。胸怀大志者是立长志而不是常立志，所以好的地位先从好的定位开始，如果你希望明天的地位得到升值，你今天就给自己一个好定位。

人生方向有误，就像航船偏离了方向，走得越远，离目的地也就越远。笛福曾说过这样的话：“对于盲目的船来说，所有方向的风都是逆风。”生活中之所以会有许多人遭受到太多的失败和挫折，正是因为他们没能找准自己的人生方向和定位，结果走了不少的弯路，有的甚至忙碌一生，到头来仍旧是一事无成。所以说，人生必须有自己的定位，必须有目标，而赚钱是最坏的目标。希望你能在直接的财富之外，有眼力见到间接财富；在狭义的财富之外，有胸襟见到广义的财富。

第一章　定位目标，指明人生道路

如果我们不清楚自己该做些什么，那么再多的努力都是白费，这与为了一个不可能达到的目标而花费精力没有什么区别。找到属于自己的路，清楚自己应该做什么，才是最好的定位。

定
位

第二章　定位人生，走上一条光明大道

每个人都有优点与缺点，我们需要认真地发现自己的优点，发挥自己的长处。如果我们能选准适合自己个性特点的工作，那么，我们就会在工作中获取应有的快乐。

第三章　定位性格，理智与习惯并行

人生没有目标，就像一艘没有航行路线的航船一样，不管你航行了多久始终无法到达彼岸。所以有一个明确的目标才能让你清楚地看到未来，使自己不再无所适从。

第四章 强者需要一颗平常心

成功人士与失败者之间的差别是：成功人士始终用最积极的思考、最乐观的精神和最充分的经验支配和控制自己的人生。失败者则刚好相反，他们的人生是受过去的种种挫折与疑虑所引导和支配的。

第五章　选择比努力更重要

很多人把自己的不幸和挫折归咎于命运，认为这是上天对自己的不公。但却忘了，当初做出选择的是我们，而不是上天。所谓的命运，也只是我们一次次选择后的结果。

第六章　发现潜能让定位更准确

每个人都像一粒深埋在土里的金子一样，在土里发的光，只有它自己看得到。当你把它挖掘出来时，它的光会比在土里更加灿烂。如果你不去把它挖掘出来，那么金子永远也不会发光。

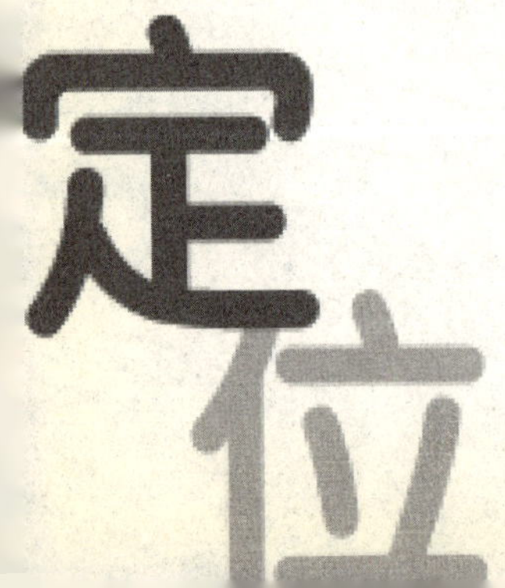

第七章　坚定信念赢得成功

信念是一个人的精神支柱，我们只有拥有坚定的人生信念，才能克服重重困难走向成功。一个人有了信念，才有了前进的动力；一个人有了信念，才可以创造出奇迹。没有信念的人生，就像没有动力的航船，只能原地踏步。信念是一双翅膀，带领我们飞向远方。

第八章　带着正能量，踏上成功路

人生相当程度上犹如逆流而上的船只。只有不停地划桨，只有奋力地向前，才不会有被冲到万丈深渊的危险。因此，我们必须不断地提升自己，调整对自己的定位。

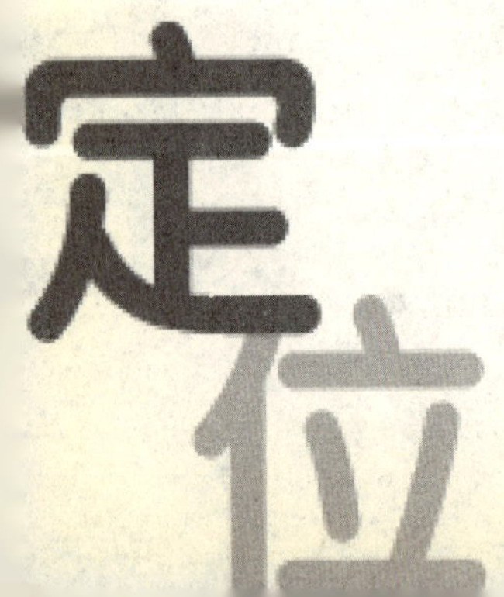

第一章 DI YI ZHANG

定位目标，指明人生道路

如果我们不清楚自己该做些什么，那么再多的努力都是白费，这与为了一个不可能达到的目标而花费精力没有什么区别。找到属于自己的路，清楚自己应该做什么，才是最好的定位。

找准位置，人生不会迷失方向

人这一生，只有站在属于自己的位置上，才能有所作为，有所成就，不然，即便你是匹千里马，也只能拉着一辆沉重的炭车爬行在崎岖的山路上。

这或许也是很多人的悲哀，他们总是很迷茫，不知道自己该站在一个什么样的位置上，尽管他们也一直很努力地往前走着。其实，要想使自己不再走弯路，使自己不再做那些徒劳无功的事，就应该为自己做出一个合理而正确的定位，找到真正属于自己的位置。

南唐后主李煜是个才华横溢的诗人，他的很多诗篇脍炙人口，流传至今。但他在政治上却是软弱的、无能的，以致国亡家破，沦为别人的阶下囚。人们可以说，作为诗人，他是成功的，但作为君主，他是失败的。定位错误，必然带来人生的失败。

许多人之所以在事业的起步阶段一直没有成功，并非因为他们本身没有才华，而是由于没有找到适合自己扮演的社会角色。一旦找到之后，他们便能迅速走向成功。

美国女影星霍利·亨特一度竭力避免被定位为矮小精悍的女人，结果走了一段弯路。后来，在其经纪人的帮助下，根据自己身材娇小、个性鲜明、演技极富弹性的特点，对自己进行了正确的定位。她在出演了《钢琴课》等影片后，一举夺得戛纳电影节的“金棕榈奖”和好莱坞的“奥斯卡大奖”。

或许，导致我们无法成功的原因有很多，但这些都比不上对自己没有一个合理的定位造成的后果严重。没有一个正确的定位，就不能给自己一个正确的方向，结果只能使我们不是在原地打转，就是离成功越来越远。

撒哈拉沙漠中有一个小村庄叫比塞尔。它靠在一块15平方千米的绿洲旁，从这儿走出沙漠一般只需3昼夜的时间，但是在英国皇家学院的院士肯·莱文1926年发现之前，这里从来没有一个人能走出这片沙漠。据说不是他们不想离开这个地方，而是根本没有人可以走出这里。

肯·莱文用手语同当地人交谈，结果每个人的回答都是一样的：从这儿无论向哪个方向走，最后都会回到原地。为了弄清原因，他做了一次试验，从比塞尔村向北走，结果3天半就走了出来。可为什么比塞尔人就走不出去呢？他感到很奇怪，于是就雇了一个比塞尔人，让他带路。他们准备了能用半个月的水，牵上骆驼，肯·莱文收起指南针，只拿着一根木棍跟在后面。10天过去了，他们走了大约800英里的路，第11天早上，一块绿洲出现在眼前，他们果真又回到了比塞尔村。这下肯·莱文明白了比塞尔人走不出去的真正原因：他们不认识北极星。

人生方向有误，就像航船偏离了方向，走得越远，离目的地也就越远。笛福曾说过这样的话："对于盲目的船来说，所有方向的风都是逆风。"生活中之所以会有许多人遭受到太多的失败和挫折，正是因为他们没能找准自己的人生方向和定位，结果走了不少的弯路，有的甚至忙碌一生，到头来仍旧是一事无成。

美国著名的成功学大师拿破仑·希尔指出："新生活是从选定方向开始的。"要选择好自己的航行方向。如果你所选择的方向错了，不但会浪费你的时间，还会使你的人生感到迷茫，所以在对自己定位时，应该量力而行，紧紧地把握住自己的方向，并努力去追寻。

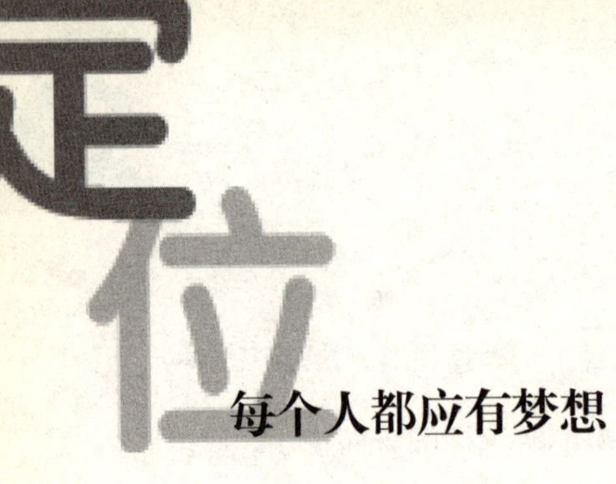

每个人都应有梦想

一个人没有梦想，就无法实现任何理想，当然也不可能有所获取。人可以一无所有，但不能没有梦想。人没有梦想，生活就没有目标；没有了目标，也就没有了进取心，这样你的人生就失去了希望。

那么，梦想产生的结果是什么？卓越的人生。

每个人思考的结果就是你成功的来源。经过了无数真实的案例，我们认识到了思考的重要性，我们也从中得到这样一个启示：如果你拥有了强烈的欲望，并把这个欲望和你的行动、毅力结合起来时，你就会得到强大无比的力量。

19世纪早期，那时还没有发明炸药，矿工们开矿通常用很原始的办法，不但效率很低，也容易发生安全事故。为此，诺贝尔决心发明一种炸药，来帮助这些矿工解除苦难。

1864年9月3日，寂静的斯德哥尔摩市郊，突然发出一连串震耳欲聋的巨响，滚滚的浓烟霎时间冲上天空，一股股火苗直往上蹿。仅仅几分钟时间，一场惨祸发生了。当惊恐的人们赶到出事现场时，只见原来屹立在这里的一座工厂已荡然无存，无情的大火吞没了一切。火场旁边，站着一位30多岁的年轻人，突如其来的惨祸和过度的刺激已使他面无血色，浑身不住地颤抖着——这个大难不死的青年，就是后来流芳百世的大化学家诺贝尔。

诺贝尔眼睁睁地看着自己所创建的硝化甘油炸药的实验工厂化为

灰烬。人们从瓦砾中找出了5具尸体，其中一个是他正在上大学读书的、活泼可爱的弟弟，另外4人是他亲密的助手。烧焦的5具尸体，令人惨不忍睹。

诺贝尔的母亲得知小儿子惨死的噩耗，悲痛欲绝。年老的父亲因太受刺激而引起脑溢血，从此半身瘫痪。然而，这一连串的打击并没有令诺贝尔退缩。几天以后，人们发现在远离市区的马拉仑湖面上，出现了一只巨大的平底驳船，驳船上并没有什么货物，而是摆满了各种设备，一个年轻人在全神贯注地进行一项神秘的试验，他就是在大爆炸后被当地居民赶走的诺贝尔。

大无畏的勇气往往令死神也望而却步，诺贝尔没有连同他的驳船一起葬身鱼腹，而是经过多次试验，发明了雷管。雷管的发明是爆炸学上的一项重大突破。接着，他又在德国的汉堡等地建立了炸药公司。

一时间，诺贝尔生产的炸药成了抢手货，源源不断的订货单从世界各地纷至沓来，诺贝尔的财富与日俱增。

然而，事情并没有那么顺利，不幸的消息接连不断地传来：在旧金山，运载炸药的火车因震荡发生爆炸，火车被炸得七零八落；德国一家著名工厂因搬运硝化甘油时发生碰撞而爆炸，整个工厂和附近的民房变成了一片废墟；在巴拿马，一艘满载着硝化甘油的轮船，航行途中，因颠簸引起爆炸，整艘轮船葬身大海……

面对接踵而至的灾难和困境，诺贝尔并没有被吓倒，也没有被压垮，他凭着对梦想的执著，把所有的挫折都踩在了脚下。最后，诺贝尔赢得了巨大的成功。他一生共获专利发明355项，并用自己的巨额财富，创立了诺贝尔奖，被国际科学界视为一种至高无上的荣誉。

梦想是一个人的精神支柱，没有梦想的人生，只会是一片苍白。爱默生说：“一个人就是他整天所想的那些。”曾经统治罗马帝国的伟大哲学家巴尔卡斯·阿理流士也认为：“生活是由思想造成的。”成功的人，永远都是有着自己的梦想并为之而不断奋斗、遇到再大的挫折也不言放弃的人。

梦想是什么，梦想就是那些在天上飞着，你还没有得到的东西，它不在我们身边，我们身边的东西，称之为现实。然而，我们耳边也总不乏这样的声音：做人还是现实一点的好！发出这种声音的，往往是那些追梦没有追上，而又从追梦的过程中“幡然醒悟”的人。他们以自身的经验向我们证实着梦想只是可望而不可即的，我们也应该从自己的“梦”中醒来这个道理。在这里还是奉劝那些“老前辈”们，你们没有追上梦想不等于别人也追不上梦想，不要用自己的观念去扼杀别人的思想。

如果说人生的痛苦是梦醒后的无路可走，那么连梦想都没有，就是人生最大的悲哀了。或许我们由于能力的限制没能实现自己的梦想，但是，只要你曾经有过梦并为它而努力过，那么你的人生就是丰富的。

做人，不能太现实了，太现实了，就会坠入庸俗之中。游离于现实而又不脱离现实，应该是做人的一种智慧吧！

定位应该从实际情况出发

如果要问人生中最痛苦的事是什么，或许不同的人会有不同的回答。对于一个向往爱情的人来说，错失最爱的人无疑是他一生中最大的痛苦；对于一个追求真理的人来说，放弃自己的信仰无疑最令他痛苦……而对于一个志在成功的人来说，没有给自己做出一个正确而合理的定位，无疑是他最大的痛苦。因为如果没有一个合理定位的话，很可能就代表所付出的努力和奋斗都只能是付诸东流。

一个人要想拥有一个理想的人生，就必须站在属于自己的位置上，才有可能有所成就。因为只有有了对自我的正确定位，才能确定自己前进的方向和最终到达的地方，然后经过一系列不懈的努力，将其实现。对于一个不知如何给自己做出准确定位的人来说，尽管他也像别人一样每天忙忙碌碌的，可却总是像没头苍蝇似的到处乱撞。

德国法兰克福的钳工汉斯·季默在很小的时候就迷上了音乐，并在心里立志要成为一个位音乐大师。由于买不起昂贵的钢琴，他就用纸板制作模拟黑白键盘。他练贝多芬的《命运交响曲》时竟把十指磨出了老茧。后来，他用作曲挣来的稿费买了架“老爷”钢琴，有了钢琴的他如虎添翼，并最终成为好莱坞电影音乐的主创人员。

他作曲时走火入魔，时常忘了与恋人的约会，惹得许多女孩骂他是“音乐白痴”、“神经病”。婚后，他帮妻子蒸的饭经常变成“红烧大米”。有一次他煮面条，边煮边用粉笔在地板上写曲子，结果面条煮成了粥。妻子对他很客气，不急不怒，只是罚他把糊粥全部喝掉，剩一口就离婚。

他不论走路还是乘地铁，总忘不了在本子上记下即兴的乐句，将其当做创作新曲的素材。有时他从梦中醒来，便打着手电筒写曲子。

汉斯·季默终于在第67届奥斯卡颁奖大会上，以闻名于世的动画片《狮子王》荣获最佳音乐奖。那天，是他37岁的生日。

或许有些人会这样说，其实我们也愿意为了自己的目标而付出，可问题是，我们并不知道自己的目标在哪里呀？确实，就像一个背起行囊准备去旅行的人，走出门口却不知道自己该到哪里去旅行，的确够伤脑筋的。不难看出，对于我们每一个人来说，决定是否能有所作为的关键，就在于能否为自己找到一个准确的位置。那么，该如何为自己做出一个正确而合理的定位呢？该如何去寻找属于自己的终生事业呢？

在给自己做出定位之前，我们必须要考虑这样一个问题：你要明白自己真正想要的是什么，要成为一个什么样的人？是要做一位教师还是让自己成为企业家，或是艺术家、演说家、厨师……时常在内心里问问自己："5年前我到底要什么？"如果5年前你对于想要的东西如水晶般剔透，很可能你现在已经拥有这些了；"5年后我要成为什么样子？"如果你也明确而清晰地知道，那你一定可以在5年之后拥有这些。

想清楚这些之后，你就可以从以下几个方面给自己做出定位了：

第一，分析自己的长处短处、优势劣势；

第二，列出自己最擅长的方面；

第三，列出自己最喜欢的方面；

第四，列出自己最引以为荣的一些个人品质；

第五，列出自己最重要的收入来源；

第六，自己能够承受收入在多大范围内的变化；

第七，列出自己希望在生活上的变化；

第八，列出自己一直有心去做，却还没有去做的事情。

人一生中，不可能什么都能够得到。因此在给自己定位的时候，必须要弄清自己真正的需要而抛开那些可做可不做的，认真地考虑好你一生中真正非做不可的那些事，让自己所付出的热情和努力都有助于做好那些非做不可的事情。一个人的精力和能力毕竟是有限的，给自己准确定位，就是为了能让我们把所有的精力和能力都放在自己最擅长的领域和事情上。因此，如果我们能够给自己一个合理的定位，我们就能够让自己的能力发挥到最大限度，我们就可能实现自己的理想。或许，并不是每个人都能成为政治领袖或商界精英，但是只要我们站在了真正属于自己的位置上，才能走得更远，才能使自己的人生圆满。

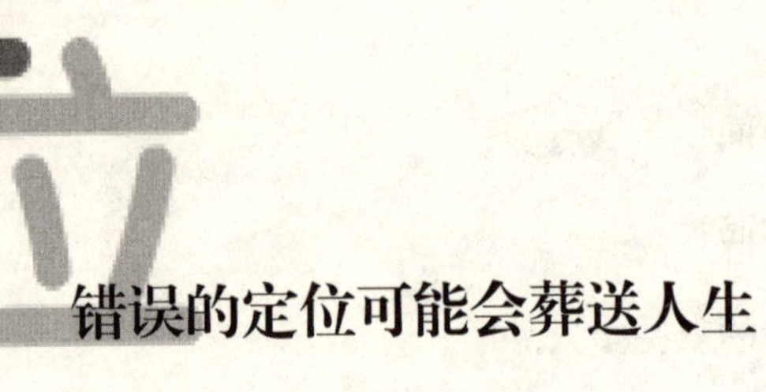

错误的定位可能会葬送人生

兵法上讲求要以己之长攻敌之短，同样的道理，每个人也只有发挥自己最有特长的某个方面，才有可能超越别人，取得不凡的成绩。这就好比一名百米短跑冠军，让他去跑马拉松，十有八九不能取得像跑百米那样的好成绩；让一名马拉松健将去跑百米，很可能会变得不堪一击。道理就是这样，上天从不会把一个人造得完美无缺，一个很优秀的人，也有缺失的方面；一个很失败的人，也有最突出的地方，只是他自己不知道自己最擅长的是什么而已。因此，想要给自己做出正确而合理的定位，就要明白自己的特长。

“每个人都有自己的长处和短处，成功的人总是善于放大自己的长处。”阿特密斯·沃德说，“有的人擅长这一行，有的人擅长那一行。还有一些人整天游来荡去，他们擅长的就是无所事事。”

沃德有两次想试图去做自己最不擅长的事情。第一次就是他想狠狠地揍一顿那个割烂他的帐篷爬进来的可恶家伙。他说：“好样的，先生，请你出去。否则，我就让你瞧瞧我的厉害。”

那个可恶的家伙不但没有出去，反而对他说：“好啊，来吧，你这个孬种！”

在得到这样的“回敬”后，怒气冲冲的沃德向他扑过去，结果是他不但没有揍着那个人，却被那个人使劲地抓着头从帐篷里摔到外面的草地上。接着那人开始揍他，一直把他扔到臭水沟里为止。沃德站起来看着自己被撕破的衣服，知道打架不是自己的强项。

发生在沃德身上的另一件事是他以为自己可以玩马戏。于是，他搭便车到了一个马戏团。一次驯马，他站的位置后面有两三匹马，前面有一匹。但是，站在那个位置之后那些马开始踢他，并且不停地叫唤，四蹄扬起踢个不停，一点也不听话。结果，他的肚子和后背重重地挨了好几下，又一下被踢到其他马群里，疼得他禁不住像科西嘉的野人一样大喊大叫起来。他被人拉起来，背回了旅馆。他头上扎着绷带，用虚弱的声音对自己说："小子，你看来并不擅长驾驭那些马。"

从沃德的经历来看，我们千万不要做自己不擅长的事，我们要知道当自己不在这方面擅长时，就可能在别的方面擅长，只要我们能够找到自己擅长的地方，不断地去发挥它，那么，成功离我们就不会太远了。

一个人，由于主观和客观因素的局限性，决定了任何人只能了解、熟悉和精通某一领域的知识或技能。因此人在知识和技能方面的特长具有明显的领域性特征。一个人不管他在知识和技能上发展得多么突出，成长得多么卓越，也只能在他所适应的领域具备特长，一旦离开他所适应的领域来到不适应的领域，这些知识或技能上的特长就可能不会显示出优势。另外我们还要看到，不论一个人如何优秀，在他优秀的一面都会有与之相应的缺点，如果你屈服于它，它将会像暴君一样统治你。因此，要想使自己在优秀之上更上一层楼，就要像那些因你的缺点而责备你的人那样去注意它。

在这个世界上还有这样一种人，他们似乎没有什么明显的缺点，做起事情来也四平八稳，可很少有人会发现，正是由于这些人似乎没有什么明显的缺点，其实是他们最大的缺点。正如前些年在教育界提出“全才即庸才”的观点一样，没有明显的缺点也就不会有明显的优点，这样的人生无疑是最可悲的。

人生中的很多悲剧，就是因为那些制造悲剧的人不了解自身的优点，更不知道别人的缺点所致。这就是为什么在《孙子兵法》里一再强调，只有知己知彼才能百战不殆的原因。

一只掉队的野鹿不安地四处张望着。一只老虎发现了这只野鹿，它已经饿了一天了，于是借着草丛的掩护，潜行到野鹿后面。野鹿还没有发现，老虎突然像子弹般地射出去，冲向那只野鹿，野鹿这时才知道危险已经到来，本能地躲闪着老虎的攻击。

老虎第一次扑了个空，转身再度扑来，野鹿拔腿狂奔，闪进一处灌木丛里。在灌木丛里追逐猎物可不是老虎所长，它在外面搜寻了一会儿，低吼几声，蹒跚地回到原来的土丘上。

老虎之所以没能捕到那只掉了队的野鹿，就是因为它没能扬长避短，而让野鹿跑到了灌木丛里，最后自己只好继续饿着肚子回到原来的土丘上。其实，在人类社会这个丛林中，如果知道自己何者为强，何者为弱，别人何者为强，何者为弱，并巧妙地避免以己之弱去面对他人之强，积极地以己之强去面对别人之弱；如果还能灵活地运用第三者与他人的强弱关系，来弥补自己的“弱”，或避免自己遭到别人“强”的侵犯，那么你就已经是一个“强者”了。

要知道，世界上没有十全十美的事情，也没有十全十美的人，人人都有缺陷，都有不足，但也都有优点，都有特长，做人重要的是发挥自己的特长，避开自己的弱点，只有这样，才能使自己在这个竞争激烈的社会中获得发展的空间。

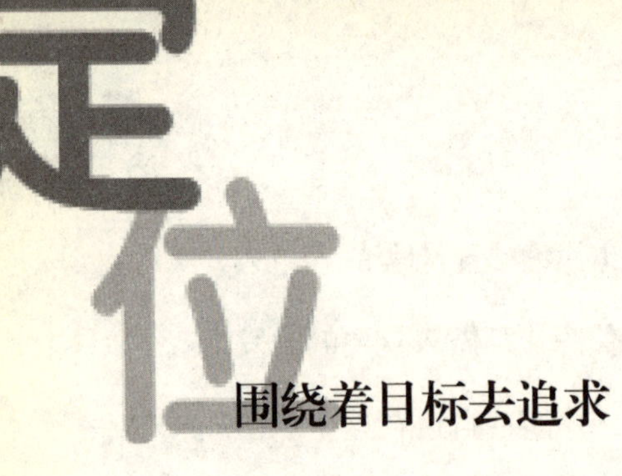

围绕着目标去追求

人生在世，若没有正确而合理的定位，就不会有远大的目标，也就不可能取得任何大的成就。因此说，一个人要想取得辉煌的成就，就必须给自己一个好的定位，清楚地认识到自己该走哪个方向，而不是任意的一个方向，更不是所有的方向。同样，目标也只能有一个，目标多了也就等于没有目标。

人的一生，目标对于自我的定位，就像空气对于生命一样重要。目标不但是你追求理想的最终结果，而且它在你整个的人生旅途中起着非常重要的作用。

一般而言，目标在人生中起两方面的作用：一方面，它是你的奋斗依据；另一方面，它还是你不断进取的动力源泉。

心理学家曾做过一个实验：把一只跳蚤放进一个没盖的杯中，跳蚤一下就能从杯中跳出来。然后，心理学家在杯上盖了一个透明盖，这时跳蚤仍然往上跳，每一次都碰到盖上，碰了几次后，碰疼了，就再也不跳那么高了。这时心理学家将杯盖拿走，却发现那只跳蚤已经永远不能跳出这杯子了，因为它将目标定到了不及盖的高度。

对于我们的人生定位——确定目标，不也正是这个道理吗？正是因为我们有了这个目标，于是我们就会为了实现这个目标而发挥更大的心力，一种克服劣势而发挥优势的状态便可悄然显现。在将劣势变为优势的过程中，人生的乐趣与韵味得以真实显现，于是便给生活增添了更多的活力与激情。

有一次，一个青年苦恼地对昆虫学家法布尔说："我不知疲劳地把自己的全部精力都花在了我爱好的事业上，结果却收效甚微。"

法布尔赞许地说："看来你是一位献身科学的有志青年。"

这位青年说："是啊，我爱科学，可我也爱文学，对音乐和美术我也很感兴趣。我把时间全都用上了。"

听完这句话，法布尔从口袋里掏出一个放大镜递给他，说："把你的精力集中到一个点上试试，就像这个凸透镜一样！"

一个人的精力总是有限的，一味贪多、求广，肯定会分散精力，一事无成。天底下只有人才，没有全才，所以我们不必要求自己在各个方面都很出色，只有认准一个目标，然后集中全部的心志和精力，才能获得成功。

水滴之所以可以穿石，就是因为它总是落在同一个地方。

作家西奥多·瑞瑟曾问爱迪生："成功的第一要素是什么？"爱迪生说："能够将你的身体与心智的能量锲而不舍地运用在同一个问题上而不会感到厌倦的能力……每个人整天都在做事，假如你早上7点起床，晚上11点睡觉，你做事就做了整整16个小时。对大多数人而言，他们肯定是一直在做一些事，惟一的问题是，他们做很多事，而我只做一件。假如他们将这些时间运用在一个方向、一个目的上，他们就会成功。"

歌德曾这样告诫他的学生："一个人不能骑两匹马，骑上这匹，就要丢掉那匹，聪明人会把凡是分散精力的要求置之度外，只专心致志地去学一门，而且学一门就一定会把它学好。”人的时间、精力是有限的，不可能什么都学，什么都精。而专攻一点，则能给一个人的成功提供极大的可能性。

春秋时期，楚国有个擅长射箭的人叫养叔，他能在百步外射中树枝上的叶子，并且百发百中。楚王羡慕养叔的射箭本领，就请养叔来教他射箭，养叔便把射箭的技艺倾囊相授。

楚王兴致勃勃地练习了好一阵子，渐渐能得心应手了，就邀请养叔跟他一起到野外去打猎。打猎开始了，楚王叫人把躲在芦苇丛里的野鸭子赶出来。野鸭子被惊扰得振翅飞出，楚王弯弓搭箭，正要射时，猛然从他的左边跳出一只山羊。

楚王心想，一箭射死山羊可比一箭射中一只鸭子划算多了！于是又把箭对准了山羊。可此时，旁边又跳出一只梅花鹿，楚王觉得射梅花鹿更好，于是便放弃了山羊，他刚想拉弓，谁知林中又飞出一只苍鹰。楚王觉得还是射苍鹰好。可是当他刚要瞄准苍鹰时，苍鹰已迅速地飞走了。楚王只好回头去找梅花鹿，可是梅花鹿已逃走了。再回头找山羊，山羊早就溜掉了。楚王拿着弓箭比划了半天，结果什么也没有射着。

养叔在一旁看得真切，便对楚王说：“要想射得准，就必须有专一的目标，不应三心二意。在百步以外放二十片杨叶，要是我将注意力集中在一片杨叶上，我能射二十次中二十次；要是我拿不定主意，二十片都想射，就没有把握能射中了。”

是啊，如果一个人不把他的全部心思用在一件事情上，他就不可能有什么大的成就。如果我们能确定好自己的目标而不是三心二意，那么我们成功的机会将会大大提高。反之如果我们用心不专，左右摇摆，那么注定会遭受失败。

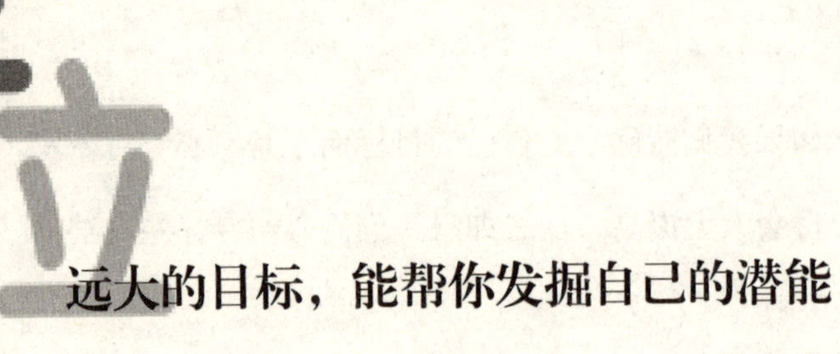

远大的目标，能帮你发掘自己的潜能

一个人成就的大小是与他精神的成长、思想的格局成正比的，行为是受思想控制和指导的。有什么样的思想就有什么样的行为，有什么样的行为就有什么样的人生际遇。

脑力激荡的创始人亚力士·奥斯本认为，开动人的脑力可以获得无穷的智慧，他就是这样一个革命性的思考者，思考变成了他的嗜好，他相信每个人都具有创造力，而且可以由学习变得更有创意。

一个人到底有多大的潜能呢？美国心理学家威廉认为，通常，人们实际上只发挥出了其能力的10%，还有90%的能力可以发掘。美国学者米德则指出：人们只使出了6%的个人能力，还有94%的潜能有待发掘。前苏联学者伊凡则说："如果我们迫使头脑开足一半马力，我们就会毫不费力地学会40种语言，把苏联百科全书从头到尾背下来，完成几十个大学的必修课程。"

由此可见，自然赋予我们人类的潜力是多么的无穷。可惜的是，大部分人却并没有加以充分利用，甚至有的人与其说是利用，不如说是根本就没用，他们成天浑浑噩噩，把自己的潜能丢在了似流水般逝去的时光中而不觉醒。

有一个叫卡萨尔斯的老人，他已经90多岁了，在这个年龄，他看上去非常衰老了，还有各种疾病在折磨着他，尤其是那令人疼痛难忍的关节炎更是折磨得他连穿衣服的能力都没有，每天早晨和晚上都需要有人帮助才能完成。

但是，就在一天早餐前，他走近了他最擅长弹奏的钢琴。尽管他走起路来颤颤巍巍，头不时地往前颠，还是费了很大的劲坐上钢琴凳，颤抖地把弯曲肿胀的手指抬到琴键上。

神奇的事发生了。卡萨尔斯突然完全变了个人似的，透出飞扬的神采，身体也跟着开始动作并弹奏起来，仿佛是一位健康、有力、敏捷的钢琴家。

他那有些肿胀、十根像鹰爪般弯曲着的手指也缓缓地舒展开来，并移向琴键，好像迎向阳光的树枝嫩芽，他的脊背直挺挺的，呼吸也似乎顺畅起来。是弹奏钢琴的念头，完完全全地激发了他潜藏于身体内的能力。

当他弹奏钢琴曲时，是那么纯熟灵巧、丝丝入扣；当他奏起勃拉姆斯的协奏曲时，手指在琴键上像游鱼般轻快地滑动。他整个身子像被音乐溶化，不再僵直和佝偻，代之以柔软和优雅，不再为关节炎所苦。

在他演奏完毕，离座而起时，跟他当初就座时全然不同。他站得更挺拔，看起来更高大，走起路来也不再拖着地。他飞快地走向餐桌，大口地吃着，然后走出家门，漫步在海滩的清风中……

这个故事曾经影响了成千上万的读者。人们不仅赞叹在卡萨尔斯身上焕发出来的那种神奇，更难以相信一个人内心的潜力居然有这么巨大，可以让一个垂垂老矣的人变得像个年轻人那样有活力。就因为他相信音乐的神奇力量，他的改变让人匪夷所思，音乐激发了他心中的潜力，他从一个疲惫的老人转化成一个活泼的精灵。

可以说，只要我们能够充分认识自我，我们就能把存在我们内心深处的潜在才能激发出来，并能利用生命中最优良的素质，去实现自己的目标和理想。

潜能是一种对外界刺激感应很敏锐的东西，它一旦被唤醒，仍需要不断地引导和鼓励，诚如有音乐、艺术天赋的人必须注意培养和坚持一样。否则，潜能和才能，会像鲜花一样，枯萎或凋零在默默无闻之中。

每个人的自身都是一座宝藏，都蕴藏着大自然赐予的巨大潜能，只是由于没有进行各种潜能训练，使得我们没有机会将内在的潜能淋漓尽致地发挥出来而已。在我们身上没有得到开发的潜能，就犹如一位熟睡的巨人，一旦受到激发，便能发挥“点石成金”的力量。

人都应该具有在这个世界上发现真正自我的权利。例如，你多年来经营着杂货店，但真正想从事的却是音乐。试着改变方向又如何呢？或者你现在从事音乐方面的工作，但心里却想着经营杂货店，记住，你有实现梦想和发现自我的权利。

圆满的人生就是内心深处没有留下任何缺憾的人生。在你心中产生的那些梦想，你必须加以珍惜，并对那样的梦想负起自己的责任。

在我们的人生历程中，每个人都应该知道自己该做些什么，尤其是在我们追寻自己的事业发展时，更要明白自己该如何看待这项事业。你该看它对生活整体品质所带来的结果：你住哪儿，与朋友相处的时间有多少，你从工作中真正获得的满足感，以及你的税后收入是否能维持你想要的生活。

其实，你可以有别的选择。目前的事业也许适合你，你把它当做一个基准。但是请发挥创意想一想，你是不是真的不喜欢另一种专业、另一种生活方式？请针对你目前和未来的生活，提出几个不同的方案。在这样想象时，请记得一个前提：工作和生活不冲突。

可以说，我们生活中的许多事都是一件工作。尤其是现在，休闲工业已是一种主要经济活动，工作更是有各种可能性。你的工作可以是与个人喜好有关的，也可以将喜好转为一种事业，因为这样会给你的事业带来热情，你也会因此获得工作中的快乐与成功。

不论你做什么工作，都要明白自己最终应达到什么目标，并且是在整体生活中思考。说来简单，但人的旧习难改，对于事业的传统想法，很快就会削减对生活的热情。举例来说，1983年，我与两位同事共同创业，经营了一家管理顾问公司。我们很清楚，为前任老板工作时，我们的工作时间极长，而且必须经常出差，这对生活造成了负面影响。

如果你发现自己身陷一个前景黯淡的处境时，通常会怎么办呢？也许你会更加努力，想用更长的时间、更多的精力来加以扭转。或许你认为，只要一刻不停地拼命工作，把工作做得比别人好，名望和财富就自然会来到自己身边。

这是真实的答案吗？不是，只有知道自己最喜欢什么和最擅长什么，你才能有一个合理的选择。如果选择了一条不适合自己的道路，走上了一个不适合自己的岗位，虽然努力地工作却很难走向成功之路。

我们知道，一个人的发展在某种程度上取决于对自己的正确定位。你在心目中把自己定位成什么样的人，你就会是什么样的人。因为定位能决定人生，定位能改变人生。

对一个组织来说，进行详细的职务设计是绝对必要的，只有让每个人知道自己该做什么，才能避免迷失方向、陷入泥潭。

在各种各样的职责中，有些职责以团队的方式履行可以取得很好的效果；而另一些职责，让个人单独去履行效果则会更好。那么我们如何才能找到自己的位置呢？

为了进行准确的定位，找准最佳的结合点，心理学家帮我们找到了很多的测试工具。一些知名企业在招聘员工时，也要对求职者做一番个性测试。因为我们知道，必须把个性不同的人放在最合适的岗位上，才能发挥出最大的潜能。

把握自己的机遇

如果说机遇对每个人都是一样的，为什么别人能轻松地抓住，而你却抓不到。究其原因是你没有充分地做好准备，从而导致感觉或直觉比较麻木。而那些已经做好准备的人会持续不断地提高自己的素质，让自己变得越来越敏锐。

马克·吐温曾经用自己的经历证明缺乏必要能力，对机遇做出错误的判断，会引起许多麻烦。他看到一份研制新机器的方案，注意力高度集中，热情高涨，同意出资该计划的实施。结果，他像把自己想象成商人的艺术家一样，虽然抓住了机会，但不具备相应的能力，于是招来厄运，大大地赔了一笔钱。

一个人对机遇的要求和隐含的危险知道得越多，就越可能交上好运、避免厄运。即他对自己的长处和短处应当有着清醒的认识。如果机遇与某人的能力完全相符，他就可能交上好运。毫无疑问，要想对自己的长处和短处有清醒的认识，尝试是最好的办法之一。“不试就不知道自己能干什么，不能干什么”是一句古老的格言，曾经激励过许多人勇敢尝试，认识自己，把握运气。

我们通常都羡慕成功者得到的掌声和鲜花，但我们却往往忽略了他们为了这一切所付出的辛勤劳动和汗水。没有一个人的成功是轻而易举的，几乎所有的成功者都为此付出了太多。有句话叫做“台上一分钟，台下十年功”，这句话充分说明了这个道理。然而我们有太多的人不能成功就是忽略了这一点，他们只想得到鲜花和掌声，却不想付出辛勤和努力，他们忽略了成功前应做的准备，哪怕真的有一天天上会掉下馅饼来，他们却发现自己还没有盛馅饼的东西呢！

在普法战争前，普鲁士的著名将领毛奇将军深谋远虑，已经做了多年的准备。正因为准备充足，所以战争一爆发，毛奇率领的普鲁士军队很快就打败了拿破仑三世。

在战争爆发的13年前，毛奇就策划好了精密的作战计划。所有普鲁士的军官都知道毛奇的指令，都被告知在作战过程中应该采取的行动与策略。一旦战争爆发，这些军官就可以立刻按照指令去做。

在每一位普鲁士指挥官的手里，都有一个密封着的信封，信封里装着关于战争的秘密指令，对怎样调遣军队、怎样进攻退守等作战方略，以及作战地点，都做出了清晰、明确的规划。当这些指挥官接到战争动员令时，就可以拆开这些密封着的信，据此来部署和调度军队。

对于已经定下的作战计划，毛奇将军还常常加以变更和修正。修改好以后，再密封起来交给每位将领，以备随时应付战事。据说在1870年应用的最后战略，1868年时就已经确定，而最初的战略竟然是1857年已制定的。

因此，普法战争一爆发，普鲁士军队在毛奇的领导下，进退自如，攻守有序，好似钟表里的发条装置一样准确。

而法军的表现却恰恰相反。战争开始后，法国的作战将领常常从前线打加急电报给总司令部，不是说缺乏给养，就是说缺乏弹药，还报告军队无法迅速集中。由于事前缺乏准备，因此法军在战场上不堪一击。

机遇总是转瞬而逝的，成功总是偏爱那些有准备的人。越王勾践，为灭掉吴国，卧薪尝胆，做了将近20年的准备。冰冻三尺，非一日之寒，你只有付出，才会有所收获。有时甚至连付出都不会有收获，更何况那些连付出都不愿意的人呢！但是，只要我们努力，成功的机会总会大些。人生最美的时刻，并非在拥有成功之后，而是在追梦的过程中。

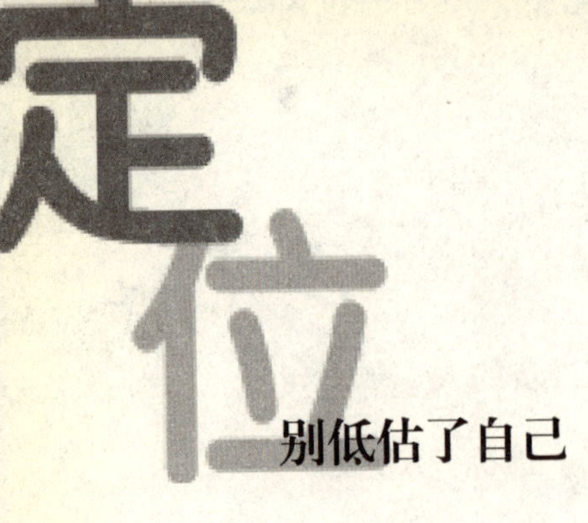

别低估了自己

富兰克林曾说过这样一句话：“如果你对自己没有一个正确的定位，即使是宝贝，放错了地方也是一堆废物。”确实是这样，很多人之所以一生只能在碌碌无为中度过，很大程度上就是因为给自己做出了错误的定位，把自己放在了废物堆里，使自己也成了废物。

我们知道，人是由来自父亲的23个染色体和来自母亲的23个染色体偶然结合而成。每一个染色体有几百万个基因，任何一个基因变了，你人也就变了。也就是说，这个世界上诞生你的概率只有300万亿分之一；假设你有300万亿个兄弟姐妹，那么你还是你，总有地方与他们不同。

难道这不是很神奇的一件事吗？300万亿分之一的概率，居然产生了你，产生了我，这本身就是一个巨大的奇迹！更何况还没有将父亲如何恰好认识母亲的概率算上去。所以，我们没有理由不爱惜自己。我们每个人都是太阳下面的一个新生事物，我们应该呼吸一份属于自己的氧气，占有一份属于自己的空间，充分相信自己。

再从精子和卵子的结合来说，在3000万至2亿个精子中最终只有一个能够在同行竞争者中脱颖而出，冲破重重阻挠，继而与卵子结合——你能想象千军万马过独木桥的情景吗？精子的奋斗历程就是这样的。而你，就是这样经过千辛万苦、激烈竞争、奋斗最终获得胜利的惟一一个精子与卵子结合的产物！难道你不觉得自己是非常珍贵的吗？难道你不觉得自己的前身是无比英勇无敌的吗？！

然而奇怪的是，我们大多数人都认识不到这一点。有人曾做过一个有趣的问卷调查，其中有一个问题是：你最喜欢做谁？结果绝大多数人都填邓小平、托尔斯泰、李嘉诚之类的名人，居然没有一个人填自己。邓小平、托尔斯泰、李嘉诚之类的名人有他们的伟大之处，但你也有你的伟大之处，此时此刻你身上正有着许多别人希望得到的东西。何况你要做邓小平、托尔斯泰、李嘉诚之类的名人，你永远也做不了，正如他们也做不了你一样！你能，而且只能做你自己。你也要坚信：你一定能做好自己。

这就是说，一个人要想拥有一个理想的人生，就必须先站到属于自己的位置上去，然后才能确定前进的方向和目的地，最后经过不懈的努力，将其实现。为了把我们对未来的想象变成现实，我们必须仔细地思考以下这些问题：自己想做什么？想过怎样的生活？自己和别人、社会将保持怎样的一种优势关系？在哪一种状态之中自己会感到最满意？其实，换成另一种说法就是，如何给我们自己一个准确、合理的定位。

也许对很多人来说，改变自我是一种极大的痛苦和折磨，但是对那些决心要改变自身劣势的人来说，改变自我却是一种乐趣和幸福，因为他们是在为自己负责。

达兰特是通用汽车帝国的创始人，也是半个世纪前美国企业界的巨人。他不同寻常的成功取决于两个转折点，运气在两个转折点都发挥了重要作用。

第一个转折点出现在汽车工业问世前，那时他还年轻，既没有工作，也没有钱，但他深信自己生来就是优秀的推销员。他需要一份工作，一份推销好产品的工作，只要人们肯出钱购买，什么产品都行。有一天，他前往密歇根州的一座小镇，与附近一家银行的经理洽谈找工作的事，没想到他想得到的职位已被别人捷足先登了。他非常沮丧，垂头丧气地走向火车站。就在这时，他看到一辆四轮车驶了过来，司机让他搭了便车。达兰特对这辆车品头论足，说他从来没有见过这种车。车子非常轻，也很结实，很容易驾驶，设计合理，车身平滑时髦。司机告诉他这种车是本地制造的。达兰特立刻想到这是一种很有销路的产品。于是，他没有前往火车站，而是立即前往车厂。

车厂是一座摇摇欲坠、破败不堪的楼房，楼前挂着一块牌子，上面写着“待售”二字。达兰特找到了厂主，厂主很冷淡，告诉达兰特他不需要推销员，只想把厂房卖掉，因为生意太难做。他还告诉达兰特，他为这种车做过广告，但是一点儿作用都没有。达兰特看了一下广告，发现广告设计得一点儿吸引力都没有。此时，他觉得只要采取明智的促销办法，这种车是有销路的。他虽然没有资本，但是有一种非常重要的资产——一张三寸不烂之舌。他与厂主谈了一个钟头，厂主同意给他一份工厂期权和生产这种车的权力。达兰特辨别出符合自己能力的机会，对自己的能力做出了正确的评价，决定大干一场。

一位名叫多特的富翁同意与达兰特合伙经营这家工厂。他们接管了工厂，很快就把它变成赢利颇丰的企业，达兰特被聘为首席销售经理。后来，随着汽车工业的发展，达兰特自然步入了这一新领域。他有出色的推销能力，得到了丰厚回报。没过多久，他就成为汽车产业的领军人物和大富豪。在组建通用汽车公司时发挥了主导作用，成为通用公司的首任总裁。

在此之前，达兰特的主要精力放在宣传、营销和销售管理上。现在，他担任了新职务，发现自己陷入令人眩晕、令人激动的财务管理工作中，必须与大量债券和股票打交道，面临着许多不可预测的机会——在投机盛行的股票市场上，不论是赔还是赚，都以百万美元计。到了这一阶段，达兰特的事业急转直下。据他的熟人说，达兰特在气质上不适合处理复杂的财务问题，也不适合管理股票，更无法把握华尔街股票市场的价格变动。机遇对他的要求过高，他已没有能力应付这类问题。他不知道怎样处理股价的涨跌，在市场处于跌势时，他被迫卖出大量股票，最后不得不从通用汽车公司总裁的职位上败下阵来。

后来，华尔街的一位老朋友为他制订了一份计划，要他夺回公司的控制权。对达兰特来说，这次机会非常难得。但是，他再次错误地估计了自己的能力，把剩余的财产一次性赔光。失败的悲剧像鬼影一样纠缠着他，直到他去世。

达兰特的幸与不幸的背后，能力起着潜在的作用。幸运就是做对事情，做适合自己能力的事情。人生的乐趣存在于一切日常生活之中，存在于一切为了成大事而采取的对自我劣势的改造之中。

但是，我们之中有几个人能够自信地说：改变自己是一件多么简单的事啊！对于我来说，改变自我的过程也是一种快乐。这是一个看似简单的问题，可是又有谁能做出肯定而轻松的回答呢？也许我们身边的人都在考虑如何过上幸福的优质生活，可谁能告诉我们什么样的生活才是优质生活？这些问题需要我们用很长一段时间才能给出答案，如果在今后的日子里，我们对这些问题没有一个清楚的认识，我们今天也不会有任何的行动，生活将变得空虚，也就无法过上充实和富有意义的生活。

一个想要摆脱生存困境、改变自己生存劣势的人，在人生定位这个问题上必须要有准确的判断，只有在自己最喜欢的领域里淋漓尽致地发挥优势，才能营造成功的人生；否则，入错了行，你就会在很多人面前处于下风，处处感觉到自己处于劣势地位。也就是说，要想成大事，必须不能自己看轻自己，只有在给自己做出一个明确的定位之后，才能找到属于自己的方向和前途。

做正确的事比正确做事重要

想要成为一名真正的优秀员工，需要知道做正确的事比正确地做事更加重要。正确地做事只需要你认真地对待每一件事就可以了，而做正确的事还需要你有正确的价值观，只有价值观正确了你才能判断出事情的好与坏。

首先，我们要弄清这两者间的区别。正确地做事，很简单，只要你认真，不出差错就可以了。而做正确的事，则牵涉到价值观的问题。其次，你要确立正确的价值观；然后根据自己的价值观确定何为正确的事，何为不正确的事；最后，才是去确定该如何去做。

如果，一个人的价值观错了，那么无论如何，他都难以得到自己所想要的。如果你仅仅是正确地做事而不是做正确的事，那你往往是事倍功半甚或是劳而无获。

约翰为一家专门替服装设计师和纺织品制造商设计花样的画室推销草图，一连3年，约翰每个星期都去拜访纽约一位著名的服装设计师。“他从不拒绝接见我，”约翰说，“但他也从来不买我的东西。他总是很仔细地看看我的草图，然后说：‘不行，约翰，我想我们今天谈不成了。’”经过150次的失败，约翰终于明白自己过于墨守成规，于是下定决心，每个星期花一个晚上去研究做人处事的哲学，以树立新观念。

不久，他就急于尝试一项新方法。他随手抓起画家们未完成的草图，冲入买主的办公室。“如果你愿意的话，希望你帮我一个小忙，”他说，“这是一些尚未完成的草图，能否请您告诉我如何把它们完成才能对您有所帮助？”

这位买主默默看了那些草图一会儿，然后说：“把这些草图留在我这里几天，然后再来见我。”

3天后约翰又去了，获得他的某些建议，取了草图回到画室，按照买主的意思把它们修饰完成。结果呢？全部被接受了。

从那时起，这位买主又订购了许多其他的图案，这全是根据买主自己的想法画成的，而约翰呢，净赚了1600多万美元的佣金。

“我现在明白，这么多年来，为什么我一直无法和这位买主做成生意了。”约翰说，“我以前只是催促他买下我认为他应该买的东西，我现在的做法完全相反，我鼓励他把他的想法交给我。他现在觉得这些图案是他创造的，确实也是如此。我现在用不着去向他推销，他自己就会来买。”

约翰之所以取得了成功，是因为他已经不仅仅是做正确的事情，而是学会正确地做事了。

正确地做事要求我们首先要确定好方向，比如约翰一开始就没有确定好方向，他只从自己的主观意愿出发，而忘记了考虑对方需要什么，结果白费了不少力。

我们往往会犯这样的错误，自认为好的就以为别人也会喜欢，自己不喜欢的别人也会难以接受。于是，我们总是用自己的标准来衡量别人，将自己的意见强加给他人，明明是好心，却往往办成了坏事！

格洛丽亚·斯坦姆是女权主义运动的一位领导者兼作家。学生时代，在一次地理考察课中，她上了人生中重要的一课："在考察中，我在蜿蜒的康涅狄格河畔，发现了一只巨大的乌龟，它趴在一段路的护堤上，显然是从河里爬上来，经过一段土路才到了这个地方。它还在继续前进，随时有被汽车轧死的危险。同是地球上的生物，我觉得帮助它是责无旁贷的。于是我走上前，连拉带拽，最后总算把这只大乌龟推回岸边。这期间，它不断愤怒地想咬我一口。当我正要把它推回河里时，地理学教授走过来，并对我说：'你知道，为了在路边的泥里产卵，那只乌龟可能花了一个月的时间才爬上公路，结果你却把它推回河里。'"

不少的人都犯过这样的错误，只是凭主观来判断事物的好坏，而往往我们自认为是做了正确的事情，其实却是犯了天大的错误。所以，正如格洛丽亚所总结的那样：在做事之前，还是先问一下乌龟的意见吧！

第二章 DI ER ZHANG

定位人生，走上一条光明大道

每个人都有优点与缺点，我们需要认真地发现自己的优点，发挥自己的长处。如果我们能选准适合自己个性特点的工作，那么，我们就会在工作中获取应有的快乐。

认清自己的实力，不要盲目费力钻研

你每天都在做你最擅长的事情吗？你现在从事的工作是你满意的工作吗？不幸的是，我们大部分人对自身才干和优势不甚了解，更不具备根据优势安排自己生活的能力。成功一定要扬长避短，发挥自己的优势！

每一个渴望成功的人都在拼命地寻求成功之道。

如果你发现自己至今仍然一无所成，内心觉得羞愧不安，并希望将来能够有所作为，这时不妨学习一下那些成功人士，看看他们是如何来充分发挥自己的优势的。

英国著名诗人济慈，原本学的是医学专业，后来他发现自己更擅长的是诗歌写作，于是便果断地放弃了原来的专业，开始全心全意地投入到诗歌的创作中，最终成为著名的诗人，创作了一系列伟大的诗篇。伟大的哲学家和革命家马克思年轻时的理想是做一名诗人，但是经过一段时间的努力，他发现自己更适合做社会科学的研究，于是他转而研究社会科学，最终成了伟大的革命先行者。我们每个人身上都有特殊的才能，我们只有发现并发挥自己的优势，才有可能获得成功。聪明的人，总会做自己最擅长的事。

美国管理大师德鲁克曾说，大部分美国人都不知道他们的优势能力何在。如果你问他们，他们就会呆呆地看着你，或文不对题地大谈自己的具体知识。这个现象不仅在美国，在中国也很普遍，很多人都不曾考虑自己的优势能力是什么。这并不是个好现象。美国盖洛普公司认为：在外部条件给定的情况下，是否成功，关键在于能否准确识别并全力发挥你的优势。

所有成功的人士，都会充分发挥自己的特长，令自己的才能得到最大程度的施展。而一个人若选择了自己所不擅长的行业，就不可能会取得多大的成就。

有位诗人曾写过一首品评历史人物的诗：

隋炀不幸为天子，安石可怜作相公。

若使二人穷到老，一为名士一文雄。

隋炀帝杨广是一个很有才气的人，有很高的艺术修养和天赋，可是他却生在了帝王家，运气不好当了皇帝，否则的话他肯定会成为一代名士。王安石的文章写得很好，可是命运安排他做了宋朝的宰相，领导了11世纪中期的一场改革，结果以失败告终，自己也被贬了官。如果他未曾从政，一心从事文学创作，那就肯定会成为大文豪，当时和后世对他的评价将更高。所以说一个人必须要充分认识到自己的特长，对自己进行正确的定位。只有适合的，才是最好的。

从事适合自己的工作不仅能心情愉快，还会对工作乐此不疲，创意与精力源源不断，同时也能从日常的工作中发现自己的进步。

发现了自己的优势能力，还要善于运用，否则你的优势就是白白浪费，毫无价值。就像一颗钻石，如果沉在海底，就无异于破铜烂铁，只有把它捞出来，真正使用，才能体现它的价值。需要强调的一点是，每个人最大的成长空间在于其最强的优势领域，所以我们应多花点时间把自己的优势发挥到极致，而不是花很多时间去弥补劣势。很多同学在找工作时，总是放大自己的劣势，看不到自己的优势。其实从统计学的角度说，十全十美或一无是处的人都很少，大部分的人都是只有一方面比较突出。你在找工作时要尽量突出自己的优势。譬如你的学习成绩不好，但参加社会活动比较多，无论是制作简历，还是面试，你都要尽量从社会活动中挖掘自己的优势。

我们无需总担心自己的劣势，关键的是要突出自己的优势。弥补劣势，虽然有时确有必要，但它只能使我们避免失败，而不能使我们出类拔萃。因为很多能力是与生俱来的，依靠教育、学习与培训只是事倍功半，未必有好的效果。如果你缺乏空间想象能力，却从事建筑设计；你对数字不敏感，却在当会计，这样你不仅很难取得大的成绩，甚至工作也会很吃力。

所以说，一个人能否成功，首先要看他有没有找到适合发挥自己特长的工作。“天生我才必有用”，上天从我们出生的那天起就赋予了我们与生俱有的天赋，我们要将其充分利用，不要将其带进坟墓。

正确地认识自己

一个人只有正确地认识自己，才能充满自信，才能使人生的航船不迷失方向。一个人只有正确地认识自己，才能正确地确定一生的奋斗目标。而有了正确的人生目标并充满自信地为之终生奋斗，即使不成功，自己也会无怨无悔。

那么，如何找到自己的人生定位呢？对于这个答案，人们已经寻找了很久。在我们的奋斗过程中，可能会与某些成功人士产生一种攀比心理，如果这种攀比心理超过了我们的自爱，我们就会不快乐，甚至轻生，让自己永远生活在人生的黑暗之中。

事实如此，人生中的许多烦恼都源于我们盲目的和别人攀比，而忘了享受自己的生活，忘了找到自己的定位。

小时候，我们的定位多半都会受到父母的影响，因为我们希望认同自己的父母，把父母视为心中的楷模，而父母也常根据孩子能否接受他们的价值观来奖励或惩罚他们。

等到上学时，情况便有些不一样了，我们的定位会随着所受的教育而发生改变，但这时的定位只是限于做一个好学生的圈子。

在离开学校进入社会时，我们的定位就会随着环境的改变而不断地进行调整：有些事对我们变得比较重要，有些则无足轻重；某些人对我们的重要性超过普通人，有些人成为我们效仿的楷模。我们越认同他们，接受他们的某些价值观，也就会拒绝另外一些价值观。

正是因为我们有了这么多的攀比和不同的人生定位，我们才会感到找不到方向，我们才会怨叹人生的无奈。但是，只要我们找到了人生的方向，我们还是会发现：许多时候，我们感到不满足和失落，仅仅是因为觉得别人比我们幸运！如果我们安心享受自己的生活，不和别人攀比，生活中就会减少许多无谓的烦恼。

所以说，只要我们有了一个正确的定位，就会发现自身还是充满力量的。正是因为我们身边缺少了欢笑，缺少了自律，所以我们才没有成功；如果我们身边再多一些欢笑，多一些激励，我们就会走向成功。

然而，当我们发现自己身陷一个前景黯淡的处境时，我们往往就会迷失方向，就会手足无措，不愿意更加努力，用更长的时间、更多的精力来改变不利的处境，让生命白白地消失掉。一个成功人士认为，一个人的成功秘诀就是：一刻不停地拼命工作，把工作做得比别人更好，名望和财富自然就会来到你的身边。但对于我们平常人来说，这并不是真正的成功秘诀。我们只有知道自己最喜欢什么和最擅长什么，才能对自己有一个合理的定位，才能做出合理的选择。如果我们选择了一条不适合自己的道路，走上了一个自己不适合的岗位，那么我们就不可能走向成功之路。

举个例子来说吧。汽车大王福特自幼在农场帮父亲干活，12岁时，他就在头脑中构想用能够在路上行走的机器代替牲口和人力，而父亲和周围的人都要他到农场做助手。若他真的听从了父辈的安排，世间便少了一位伟大的企业家，但福特坚信自己可以成为一名机械师。于是他用1年的时间完成了其他人需要3年时间才能学完的机械师训练，随后又花了2年多时间研究蒸汽原理，试图实现他的目标，但却未获成功；后来他又投入到汽油机研究上来，每天都梦想制造一部汽车。他的创意被大发明家爱迪生所赏识，邀请他到底特津公司担任工程师。

经过10年努力，在福特29岁时，他成功地制造了第一部汽车引擎。

所以说，一个人的成功在某种程度上取决于自己对自己的正确定位。如果你在心目中把自己定位成什么样的人，你就是什么样的人。

反过来说，就算给自己定位了，如果定位不切实际，或者没有一种健康的心态，也不会取得成功。一位经常跳槽、最后一无所成的博士这样感叹，如果能以对待孩子的耐心来对待工作，以对待婚姻的慎重来选择去留，事业也许会是另外一番景象。

世界上没有全能的奇才，我们充其量只能在一两个方面取得成功。在这个物竞天择的年代，只有凝聚全身的能量，朝着最适合自己的方向，专注地投入，才能成就一个卓越的自己。

人生就是这样，我们只有对自己有一个正确的定位，才能成为自己生命的主人，只有我们自己才能使自己成为自己梦想中的人，得到生活中想要的东西。

就像一位成功人士所说：假如我们认为自己不敢去做，就真的不敢去做；假如我们认为自己不可能赢，即使还有希望，也不可能赢；假如我们认为自己是杰出的，就真的会杰出。想象渺小，就会落后；

想象辉煌，就会变得伟大。只有我们想成为一个怎样的人，才能成为怎样的人。

要学会表现自己

聪明的人都具有一种推销自我的意识，他们懂得在任何适当的地方或时间展示自己的长处，让别人更加了解自己。一个人要想尽快地获取成功，首先就要学会表现自己，把自己最好的一面展示出来。

表现自己就是要学会推销自己。现在已不是“酒香不怕巷子深”的年代，你要学会去展示自己。美国钢铁大王卡耐基说：“了解推销的技巧，你就能够获得成功，并且名利双收。”

有些人整天埋头苦干，兢兢业业地完成自己的工作，还是得不到提升，而有些人工作并不比别人努力，却总是不断得到晋升，就是因为他们比别人更懂得表现自己。

一户人家养了一只猫和一只狗。狗是勤快的，每天主人家中无人时，它便竖起耳朵，来来回回地巡视着，有一点动静也会狂吠着疾奔过去，就像一名恪尽职守的警察一样，为主人看守着家院。而当主人在家时，它便稍稍放松，有时甚至伏地而睡。而猫呢，每当家中无人时便伏地大睡，哪怕三五成群的老鼠在主人家中肆虐它也毫不理睬。而家中有人时，它便精神抖擞，转来转去。在主人眼里，狗是懒惰的，而猫则是勤快的。但是由于猫的不尽职守，主人家的耗子越来越多。终于有一天，耗子将主人家里惟一值钱的家当咬坏了，主人震怒了。他召集家人说：“你们看看，我们家的猫这样勤快，耗子却猖狂到了这种地步，我认为一个重要原因就是那只懒狗，它整天睡觉也不帮猫捉几只耗子。我郑重宣布，将狗赶出家门再养一只猫。大家意见如何？”家人纷纷附和。于是，狗一步三回头地离开了家门。自始至终，也不明白自己被赶走的原因。

当然，我们不是提倡大家去学猫的投机取巧，只是，一个人在必要的时候要学会表现自己。千里马常有而伯乐不常有，如果没有伯乐怎么办，你的才能岂不是被埋没了？并且我们付出了，我们取得了成绩，就应该让老板知道，得到应有的奖赏。谦虚是一种美德，这我们并不否认，但它准确的意思是要你不要骄傲。如果谦虚的代价是要埋没自己，这样的谦虚还是不要也罢。所以你要展示出自己的才华，让老板注意你，记住你。

那么我们应该怎样来表现自己呢？注意以下几点：

（1）在工作中要善于抓住机会

小杨到公司时间不长，却很快成为公司最年轻的主管。别人一直不知其中原委，最后还是小杨道出了其中的秘密。一次小杨留在公司加班，发现老板也在加班。小杨主动上去打招呼，请老板有事叫他。后来他发现老板经常加班到很晚，所以也总是每次待到很晚。久而久之，老板习惯了他的存在，每次有事总会找他，再加上他的勤奋，自然而然会被老板赏识了。

在工作中，你要抓住每一个表现自己的机会，并创造每一个表现自己的机会。机会是稍纵即逝的，你要善于发现，勇于抓住。

你所做的事只有一件，那就是行动起来！

（2）让自己成为不可替代的

从前有一位预言家，他的预言总是会应验，这让皇帝感到了威胁，于是便想置他于死地。一天晚上，皇帝告诉埋伏在周围的士兵们，一旦他给了暗号，就冲出来杀死预言家。不久，预言家到了。在发出讯号前，皇帝决定问他最后一个问题：“你声称了解占星术而且清楚别人的命运，那么请你告诉我，你自己的命运如何，你还能活多久？”“我会在陛下驾崩前三天去世。”聪明的预言家说。你想皇帝还会杀死预言家吗？皇帝担心自己也会在预言家死去后去世，结果预言家不但保住了自己的性命，而且在他的有生之年，皇帝还全力保护他，还聘请高明的宫庭医生来照顾他的健康。最后，预言家甚至比皇帝还多活了好几年。

这就是预言家的聪明之处，他让皇帝相信失去自己可能会给他本人带来灾难。只有让人对你产生一种依赖心理，你的位置才是不可动摇的，才是最高的！你只有成为一个可以独当一面的人，才有存在的价值！

（3）充分利用公司的会议，让上司和其他的同事注意你

公司会议是展示自己的一个绝好的机会。一定要做好准备，要大胆地把你的意见表达出来，积极地与周围的人进行交流和沟通，让自己给别人留下很深的印象，切忌坐在角落里一言不发。

（4）养成及时汇报的习惯

及时地与上司进行沟通，不仅可以更清楚明白地弄清他的意思，得到他的点拨，还可以给他留下负责任、值得信赖的印象，这无疑会为你今后的发展带来极大的好处。

（5）尽量避免承担那些你不能直接控制的工作

如果项目中的主要或是关键人员不是向你汇报，而且你并未得到充分的授权，就不必自告奋勇地站出来。同事间的相互帮助不是用这种方式表现的，你应该把有限的精力投入到那些能真正给你的事业带来发展机会的工作中去。

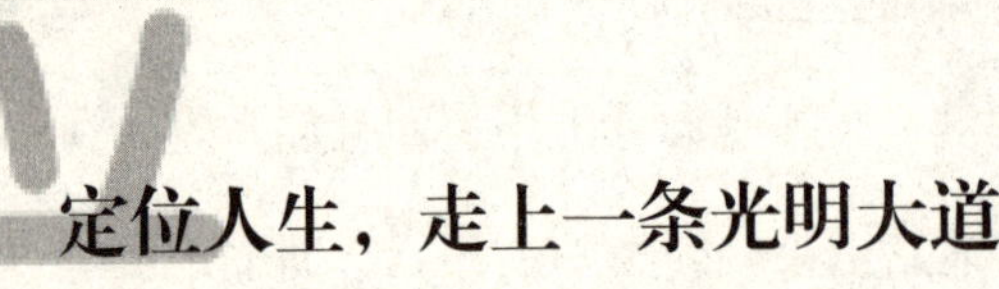

定位人生，走上一条光明大道

我们每一个人都有自己的天赋、特质及潜在的能力与成功的力量。这些东西都是我们一生中最大的财富，如何让这些财富发挥作用是每个人都应该考虑清楚的问题，但是在考虑这些问题之前，你首先要认识自己的价值。

有一天，一位禅师为了启发门徒，给他一块石头，叫他去蔬菜市场，并且试着卖掉它。这块石头很大，很好看。但师父说："不要卖掉它，只是试着卖掉它。注意观察，多问一些人，然后只要告诉我在蔬菜市场它能卖多少钱。"在蔬菜市场，许多人看着石头想：它可以做很好的小摆件，我们的孩子可以玩，或者我们可以把这当做称菜用的秤砣。于是他们出了价，但只不过几个铜板。门徒从市场回来说："它最多只能卖到几个铜板。"

师父说："现在你去黄金市场，问问那儿的人。但是不要卖掉它，光问问价。"从黄金市场回来，这个门徒很高兴，说："这些人很喜欢这块石头，他们出到了50多两银子。"

师父说："现在你去珠宝商那儿，但不要卖掉它。"门徒去了珠宝商那儿，他简直不敢相信，这些人的报价居然超过了一千两。他不明白这些人为什么出这么多钱来买一块石头。后来，门徒说："我不能卖，我只是问问价。"他不相信："这些人疯了！"他自己觉得蔬菜市场的价格已经足够了。

师父拿回石头说："我们不打算卖了它，不过现在你明白了，如果你是生活在蔬菜市场，那么你只有那个市场的理解力，你就永远不会认识更高的价值。"

如果你想提高自己的价值，就要不断地提升自己，让自己不断地上升到一个更高的层次上去。只在一个层面上发展，你就不可能有太大的出息。有时，并不是因为你不优秀，而是你周围的人并没有欣赏你的价值的能力，就像那块石头躺在蔬菜市场里。

再来看看以下几个例子：

电影舞星佛罗姆·艾斯尔1933年到米高梅电影公司首次试镜后，在场导演给他的评价是："毫无演技，前额微秃，略懂跳舞。"

美国职业足球教练文斯·伦巴迪当年曾被人指责："对足球只懂皮毛，缺乏斗志。"

爱迪生小时候反应奇慢无比，老师都认为他没有学习能力。

爱因斯坦4岁才会说话，7岁才会认字，老师给他的评语是："反应迟钝，不合群，满脑袋不切实际的幻想。"他曾遭到退学的命运，在申请苏黎士技术学院时也被拒绝。

就连这些天才的人物，当初也曾遭受过这样的嘲讽，我们不禁感叹世间伯乐太少。所以，当你遇到挫折时，不要放弃，或许，你所缺少的只是一双发现你的眼睛。

当然，我们并非是让你盲目地自大，自大也是一种自信，但那是一种没有资本的自信，就如同空中的楼阁，只会引来明眼人的鄙弃。一个人，要有一种大智慧，可以清醒地认识到自己的价值。或许，短时间内他并不会遇到伯乐，但他从来不会将自己抛弃。

成功的人，就像一个勇敢的登山者，不停地从一个山峰攀向另一个山峰，他们眼界越来越宽阔，见到的景色越来越美丽。艾德蒙·希拉里想要攀登世界最高峰——珠穆朗玛峰，他曾握着拳头指着山峰照片大声说："珠穆朗玛峰！你第一次打败我，但是我将在下一次打败你，因为你不可能再变高了，而我却仍在成长中！"仅仅一年以后，艾德蒙·希拉里就成为第一个成功登上珠穆朗玛峰的人。

所以，只要你不断地提升自己，不抛弃自己，总有一天，你也能登上自己的珠穆朗玛峰！

努力让自己变得完美起来

在任何时候都不能看轻自己，也不能认为自己比别人差。要从心底给自己定位，让自己成为一个真正的精英，只有如此，你才能时刻提醒自己、鞭策自己，让自己更加努力。

因发现第二种中微子而荣获1988年诺贝尔物理奖的美国实验物理学家利昂·莱德曼，曾给一批颇有抱负的大学生作了题为“低报酬、超工时”的讲演，畅谈科学生涯的乐趣，深受听众欢迎。

几天后，一个听过演讲的大学生给他写了一封信，信中写道：“我工作努力，学业不错，但至今未能显示出任何真正有希望的成绩。我虽已尽了全力，但看来也只能落在平庸之辈中，我常常问：为什么我要设法进研究生院去苦苦攻读，然后进入政府部门或其他学术研究机构，顶多就是发现一两件别人也可能发现的东西。我何不拿个学士学位，然后去当个保险员，9点上班，5点下班，工资还很高。”

“在我看来，‘胜者王侯败者寇’，生活似乎只青睐于少数幸运者——我们的社会只表彰那些已经获得的成果，而不表彰导致这些成果所付出的艰苦劳动。那些辛勤劳动着但不成功的人，并未受到表彰，这一点使我非常沮丧。”

莱德曼为答复这位学生的问题而写了回信，信中希望该生考虑考虑“自己的处世哲学和生活动机”，“什么使你觉得真正快乐？在这个星球上什么才是真正有价值的东西？”这个自认为是“平庸之辈”

的大学生所表白的实际心态，确如莱德曼所言，与人生观有关。

一个梦想大的人，即使实际做起来没有达到最终目标，可他实际达到的目标都可能比梦想小的人最终达到的目标大。所以，梦想不妨大一点。

从前，有两兄弟，老大想到北极去，而老二只想走到北爱尔兰。有一天，他俩从牛津城出发。结果两人都没有到达目的地，但老大到达了北爱尔兰，而老二仅仅到了英格兰北端。

一个具有崇高生活目的和思想目标的人，毫无疑问会比一个根本没有目标的人更有作为。有句苏格兰谚语说："扯住金制长袍的人，或许可以得到一只金袖子。"那些志存高远的人，所取得的成就必定远远离开起点。即使你的目标没有完全实现，你为之付出的努力本身也会让你终生受益。

几年以前的一个炎热的日子，一群人正在铁路的路基上工作，这时，一列缓缓开来的列车打断了他们的工作。火车停了下来，最后一节车厢的窗户——顺便说一句，这节车厢是特制的并且有空调——被人打开了，一个低沉沉的、友好的声音响了起来："大卫，是你吗？"大卫·安德森——这群人的负责人回答说："是我，吉姆，见到你真高兴。"于是，大卫·安德森和吉姆·墨菲——铁路的总裁进行了愉快的交谈。在长达5个小时的愉快交谈之后，两人热情地握手道别。

大卫·安德森的下属立刻包围了他，他们对于他是墨菲铁路总裁的朋友这一点感到非常震惊。大卫解释说，20多年前，他和吉姆·墨菲同为这条铁路工作。

其中一个人半认真半开玩笑地问大卫，为什么他现在仍在骄阳下工作，而吉姆却成了总裁。大卫非常惆怅地说："23年前我为5小时175美元的薪水而工作，而吉姆却是为了这条铁路而工作。"

美国潜能成功学大师安东尼·罗宾说："如果你是个业务员，赚1万美元容易还是10万美元容易？告诉你，是10万美元容易！为什么呢？如果你的目标是赚5万美元，那么你的打算不过是能糊口便成了。如果这是你的目标与你的工作原因，请问你工作时会有劲吗？你会热情洋溢吗？"

我们通常会用目光短浅来形容一个人胸无大志，无法想象一个胸无大志的人会取得辉煌的成绩。只有一个伟大的梦想，才能唤醒你体内沉睡的巨人，才能激发出你体内潜藏的能力。前世界拳王阿里，每一次上场打拳之前，逢人就大喊："我是最棒的！我是最棒的！我能击败任何人，因为我是最棒的！"当时有很多人嘲笑他，觉得他是神经病，但是当他一场接一场地胜利，并且真的在他说的时间内登上拳王的宝座时，人们再也不嘲笑他了。

有一次阿里并没有照他从前出场的那套程序自言自语，不可思议的是在那场比赛中，他被对手打得落花流水，下一次比赛他再度大喊："我是最棒的！"在那场比赛中，他真的又做到了，重登拳王的宝座。

当我们在心里不停地重复一个信念时，我们的头脑就会接受他，并激发出体内的潜能。

所以说，人生是梦想的产物，思想有多远，你就能走多远。伟大的人生，是伟大的梦想的产物，梦想是支持我们前进的动力。可能我们的梦想不能实现，但是，只要有梦想，你的人生就是丰富的。就像广告词中所说的那样：心有多大，舞台就有多大。

认识自己最真实的一面

任何事情都不是绝对的，有原因就会有结果。同样既然上帝造就了你，它就一定会让你发挥出你的优势，如果你不牢记这一点，那么，你只能是失败者当中的一个，成功是不会向你敞开怀抱的。

不可否认，人类取得了辉煌的成就，战胜了自然也驾驭了自然，让所有的一切乖乖地为我们服务；但同样不可否认的是，人类也造就了一些可怕的不称职，大力推行官僚政治，即使是完成一件最简单的工作，也要花费大量的时间和精力。人类的社会结构越复杂，人浮于事、混吃混喝者就越多，并成为社会的负担。

之所以这样，就是因为许多人似乎不知道他们的专职何在，因而也都不能尽到工作上的职责。当我们的见闻增加后，我们会发现每个组织也总有许多人无法适应他们的工作。而所有这些，都是因为我们并没有做到真正地了解自己。

“人，认识你自己！”这是刻在古西腊特而斐神庙中阿波罗神的神谕。

老子也曾说过一句话：“自知者明！”

认识自己，然而，我们又有多少人曾经清楚地考虑过这个问题呢？你可能会说，我比任何人都更了解自己。真是这样吗？

你可能有过这样的经历，在市场刚刚买完的衣服，回到家里，却怎么看都不喜欢。当时售货小姐或是自己的朋友一直称赞衣服漂亮所以自己就买了。好像你满足的不是自己，而是别人的喜好。

小时候，我们拼命地学习，为的是能满足父母的要求考上一所好的学校；毕业后，工作了，又希望能找到一份好的工作以便赢得别人羡慕的眼光。从小到大，我们似乎总是生活在别人的影子里，我们好像很少静下心来仔细地思考一下哪个才是真实的自己。

有这样一个故事：有一个人出门逛街，正走着，发现走在他前面的人突然狂奔起来。他不知发生了什么事，于是也跟在后面狂奔。狂奔的人排在了一个长长的队伍后面，于是他也赶紧排了过去。他问排在他前面的人："请问先生，前面在干什么？"对方回答："我不知道，你只管排队就是了，反正肯定是好事。"他反复询问了身边好几个人，得到的是同样的回答。就这样队伍越来越长，但是这个人问遍了身边的人，没有人知道大家排队是为了什么。后来因为一个紧急电话，这个人很遗憾地离开了队伍，等他走到队伍的最前面，询问人们为什么排队时，那个人的回答让他大吃一惊："我也不知道为什么排队，我看到大家都往这儿跑，而我又离得比较近所以跑到了最前面，估计后面的人知道排队干嘛，你管那么多干嘛呀，赶紧站个好位置吧，一定是好事就是了。"这个人莫名其妙地回到了家，却始终搞不清楚那些人究竟为什么在排队，或许，他们真的不知道排队是为了什么。

一个人无意中的狂奔，吸引了众多不知所以的跟随者盲然地排成了长队，这个故事听起来似乎挺可笑，但事情若发生在我们身上，可能我们就浑然不觉了。

我们有眼睛，所以我们可以看到这个美丽的世界，可以看到千姿百态的大自然，可以看到形态各异的动物。不管是飞禽走兽，还是奇石怪木，天上地下，每一样都逃不过我们的眼睛；可令我们尴尬的是：我们可以看到自己的手，自己的脚，自己的脸，自己的背，却看不到整体的自己。

造物主在造人时是疏忽了，还是故意跟人类开了一个小小的玩笑。

其实我们真实的自我是有一定的隐蔽性的，这就需要我们要拨开云雾去寻找！我们只有认清自己，才不至于盲从，才不至于像那些排队的人，忙了半天却不知道自己在干些什么；我们只有认清自己，才能走出别人的影子，做回真正的自己！

是什么让你无所适从

我们曾有过很多梦想，有过很多目标。小时候，如果有人问我长大想做什么，我会告诉他10个以上的答案。别笑，你小时候肯定也是这个样子的。

那时，我们的目标只是感性的，很朦胧、很模糊，并不确切和具体。而随着年龄的增长，你会发现我们小时曾经的梦想却几乎很少有实现的。于是便哀叹，现实就是现实，它是很残酷的。

现实生活往往与我们想象中的不同，它不像我们想象中的那样浪漫，它是柴米油盐酱醋茶那样的单调。首先，你必须认清这一点。

然而，还有什么原因让我们会感到无所适从呢？

第一，目标不够明确。目标过多，就会胡子眉毛一把抓，分不清主次。为了把握自己的人生，先要明确你的目标，找到自己努力的方向。一个人的精力有限，不可能将所有的事都处理得很完善，这就要求我们一定要抓住重点，集中用力。你只有明白自己想要什么，你才能得到什么。

有一则寓言故事，说的是三个人因为自己的过错被关进了监狱服刑三年，监狱长在入狱那天告诉他们说会满足他们每个人一个要求。美国人爱抽烟，于是要了三箱香烟；法国人生性浪漫，于是要了一个美丽的女子陪他度过无聊的监狱生活；而犹太人呢，他只要了一部电话以便与外界沟通。

三年过后，第一个冲出来的是美国人，嘴里鼻孔里塞满了雪茄烟，大喊道："给我火，给我火！"原来他忘了要火。

接着出来的是法国人。只见他手里抱着一个小孩子，美丽的妻子手里牵着一个孩子，肚子里还怀着第三个孩子。

最后出来的是犹太人，他紧紧握住监狱长的手说："这三年来我每天都与外界联系，生意不但没有停顿，反而增加了好多。为了表示感谢，我要送你一部汽车。"

这个故事告诉我们，今天的生活，是你昨天的选择。所以你必须明确自己到底想要什么。

第二，没能制定出适合自己的目标。首先，要认清自己，因为你只有清楚地认清自己，才能制定出适合自己的目标。目标定得太高，超过了自己的能力，就难以实现，以致挫伤我们的积极性；而目标太低，又难以激发出我们内心的潜能。

在一个以适宜垂钓著称的海边，几个人在岸边垂钓，旁边几名游客在欣赏海景的同时，好奇地看着垂钓的人。他们发现一名垂钓者的技艺非常高，他很轻易地就钓到了一条大鱼，足有三尺长。可是这个人却小心地把大鱼从鱼钩上摘下来，并顺手丢进了海里。

周围围观的人发出一阵惊呼，这么大的鱼还不能令他满意，可见垂钓者雄心之大。大伙的兴趣被勾了上来，想看一下他究竟能钓上多大的鱼来。这时钓者的鱼竿又是一扬，钓起一条两尺来长的鱼，他又把鱼丢进了海里。钓者的鱼钩第三次扬了起来，这次是条一尺长的小鱼，大家看到后以为这条鱼也会被丢下海的，可没想到，他居然小心地将鱼解下，放进自己的鱼篓中。旁边的人开始议论纷纷，不明白他为什么舍大而求小，钓者解释说：“我家里的盘子只有一尺长，但是家里人喜欢吃整鱼，太大的鱼钓回去也吃不了，不如放了它。”

钓者告诉我们一个道理：你和别人是不同的，所以你的目标要适合；别人的目标再好，但那只是别人的。

我们，要学会钓者的智慧。

第三，没能抓住眼前的利益。从前，一位老渔夫整日以打鱼为生。有一天，他运气不佳，忙活了一天，只网到了一条小鱼。这条小鱼劝他另做决定：“渔夫，你放了我吧，看我这么小，也不值钱，你要是把我放回海里，等我长成一条大鱼，到那时你再来捉我，不是更划算吗？”渔夫说：“小鱼，你讲得有道理，但是我如果用眼前的小利去换不确切的所谓大利，那我就太愚蠢了。”

渔夫的回答和想法是正确的。要知道，大海可不是渔夫自家的渔塘，想捞什么就捞什么，所以切切实实地珍惜每一分收获是很重要的。眼前的利益再小，它毕竟在你手中，是实实在在的。现在是未来的基础，只有把握住现在，才有可能掌握未来；否则，失去现在，就别指望未来。

别让不同的价值观来影响你

价值观是每个人判断是非善恶的信念体系，它不但引导我们追寻自己的理想，还决定一个人生活中大大小小的选择。在这个意义上，我们的任何行为，都是自身价值观的流露。

尽管我们每个人都要受到价值观的影响，但不同头脑中的价值观却可能大相径庭。而人们各自不同的人生经历、生命感悟乃至生活际遇，无不受到各自价值观的深刻影响。

什么才是我们真正想追求的价值观呢？

简单地说，就是那些你比较喜欢、珍惜和认为重要的事情。

价值观并非一成不变，它随着我们的年龄以及生存环境变化而不断调整，我们接受一些价值观，同时也拒绝一些价值观；我们受到周围人的价值观的影响，同时也用自己的价值观影响着其他的人。

大部分的价值观都是中性的，无所谓好坏，但一个人不能同时选择两种截然不同的价值观。期望权力没什么不好，因为权力是中性的，重要的是你运用权力的方式是建设性的还是破坏性的。

每个人都有追求自己的价值观的权利，但有时，我们也会为自己的价值观付出代价，特别是当价值观与我们的事业发生冲突的时候。但只要我们真正认同自己的价值观，就不应再受其他的价值观的影响。

价值观是我们人生路上的指南针，有什么样的价值观就会有什么样的人生。价值观并非一成不变，他会随着我们的年龄、环境以及其他因素而不断地改变。但是，在我们的人生中，绝对不能有两种截然相反的价值观。

被人誉为全球第一CEO的前通用电器总裁杰克·韦尔奇就特别注重对员工价值观的考核。他在评价员工时，除了看他的绩效有没有达到指标外，还要看他的价值观与公司价值观是否吻合。当绩效达标、价值观与公司相吻合时，公司将毫不犹豫地为他提供奖赏或者晋升的机会；当绩效没有达标，价值观也与公司不吻合时，公司会毫不犹豫地请他离开；当绩效没有达标，但与公司价值观相吻合时，公司会再给他一次机会；而当绩效达标，但价值观与公司不相吻合时，公司也会毫不留情地请他走人。而且杰克·韦尔奇认为这种人是最为危险的，因为他们通常可以毁灭一家公司。事实证明，很多公司就是因为接受了这些能达到绩效指标但品格很差的员工才走向最终毁灭的。

所以，不要小看一个人的价值观，它具有的力量是强大的。两种不同价值观相碰撞所产生的力量足可以毁灭世界。

一个人不能同时骑两匹马，同样一个人也不能持有两种不同的价值观，否则就会使我们迷失方向。所以，一旦选定了自己的价值观，就不要让别人的价值观来影响你。

不要刻意模仿他人，做最好的自己

认识自我，是悬在每个追求成功人生之士面前的巨大问号，它关系到你具体的行动方案设计。你无法漠视或者逾越它，你必须做出相应的回答，而作为你回答质量的评价，就是你的发展成就。

遗传家的研究成果表明：人的正常、中等的智力由一对基因所决定，另外还有五对次要的修饰基因，它们决定着人的特殊天赋，有降低智力或提高智力的作用。

一般来说，人的这五对次要基因总有一两对是“好”的。也就是说，一般人在某些特定的方面可能有良好的天赋与素质。而这就是我们成功的资本。你要找出自己具有的天赋，将其充分挖掘。

所以，首先，学会认识你自己！

我们聪明的祖先为了看清自己，首先是在平静的水面上发现了自己的倒影，从而使大自然的第一面镜子就此诞生。以后，我们的祖先继续不懈努力，发明了青铜镜、玻璃镜。

可是，我们再怎么努力，这些种类多多的镜子，也只能让我们看到自己的形体，而如果人类只停留在形体上的话，那和其他动物又有什么区别呢？

亚当·斯密说：“一个人类的生物，如果他与其同类没有任何交往，他也可能在某个孤独的地方长大成人，但他不会想到自己的性情，不会想到自己的情操和行为的合宜或过失；他不会想到自己行为的美或丑，如同他不会想到自己容貌的美与丑一样。所有的这一切都是他不能轻易看到的对象，因为他没有将他们显现在他面前的镜子里。一旦他到社会里，他便找到了他所需要的镜子。”

所以，我们接下来要做的事情，就是找到自己的镜子，认清自己。

每个人都有自己的优点和长处，你只有清楚地认清这些，才能实现自己的抱负。实际上，每个人都有很多优点和才能，这些优点便是你成功的关键。等你能清晰地看到自己的特长，确信能在什么方面取得贡献，你便开始迈向成功。相反，如果你看不到自己的优点和才能，那你便无法施展自己的才华，成功的大门便向你关闭着。

珍妮·古多尔清楚地知道，她并没有过人的才智，但在研究野生动物方面却有超人的毅力和浓厚的兴趣，而这正是干这一行所必需的。于是，她便决定到非洲森林里考察黑猩猩，终于成了一个有成就的科学家。

为了避免我们的努力徒劳无功，在我们确立自己的目标之前，先让我们来认清自己，让我们多找几面“镜子”来照照自己。只有认清了自己，发现自己的优缺点，才能扬长避短，走向成功！

聪明的人总会做自己最擅长的事情，而许多人却由于没有弄清自己的特长而选择了错误的职业，不但走了许多的弯路，也给自己的身心带来不利。著名精神病专家威廉·孟宁吉博士，在第二次世界大战期间主持了美军陆军精神病治疗部门，他说：“我们在军队中发现了挑选和安排工作的重要性，就是说要让适当的人去做适当的工作……

最重要的是，要使人相信他的工作的重要性。当一个人没有兴趣时，他会觉得他被安排在一个错误的职位上，他便觉得他不受欣赏和重视，他会相信他的才能被埋没了。在这种情况下，我们发现，他若没有患上精神病，也会埋下患精神病的种子。”

著名诗人歌德一度没能了解自己的长处，害得自己浪费了10多年的光阴，为此他感到非常后悔。我们若不能找到自己独一无二的本能，不但会浪费掉许多宝贵的时间，还会浪费上天赐给我们的天赋。

鸟的天赋是飞翔，鱼的天赋是游泳，你的天赋呢？大诗人李白曾说过“天生我材必有用”，在你身上肯定也会有上天赋予你的才能，只要你能发现它，开发它，你必将迎来一个“海阔凭鱼跃，天高任鸟飞”的时代。

天赋是上天赐给我们的最为珍贵的财富，我们应将其充分利用，而不是带进坟墓，做到这一点，你将会拥有一个令人羡慕的人生。

失败者像浮萍，他们到处游移，漫无目的，最终一事无成！

第三章 DI SAN ZHANG

定位性格，理智与习惯并行

人生没有目标，就像一艘没有航行路线的航船一样，不管你航行了多久始终无法到达彼岸。所以有一个明确的目标才能让你清楚地看到未来，使自己不再无所适从。

认真对待每一件事

想成为一名优秀的员工，必须认真对待每一件事，既要抓大事，也不能把小事忽略，因为细节往往决定你的成与败，只有注重大事与小事才能不断提高自身的素质，适应时代的需要。

马丁·路德·金说："如果一个人是清洁工，那么他就应该像米开朗基罗绘画、贝多芬谱曲、莎士比亚写诗那样，以同样的心情来清扫街道。他的工作如此出色，以至于天空和大地的居民都会对他注目赞美：瞧，这儿有一位伟大的清洁工，他的活儿干得真是无与伦比！"

每一个成功的人，对待周围的每一件事都会很认真，"做就做最好"是这类人最常用的口头禅。一个人只有具备这种认真的态度，才能脚踏实地；而一个人只有在他所从事的领域里辛勤耕坛，才有可能收获成功的果实。

"一屋不扫，何以扫天下？"这句话出自东汉时期一个叫薛勤的人。陈蕃年轻时独居一室，日夜攻读，欲干一番惊天动地的大事。一日，其父之友薛勤来访，见他独处，庭院荒芜，杂草丛生，纸屑满地，便问他，孺子何不洒扫以待宾客？答曰："大丈夫处事，当扫除天下，安事一屋乎？"薛勤说："一屋不扫，何以扫天下？"

这则故事读来令人深思，反观我们身边是不是也有不少"陈蕃"呢？他们总是认为大丈夫做事当不拘小节，却不知大事由小事而成，小事不愿做，不想做，大事只能成空想。不积跬步，无以至千里；不积小流，无以成江河。做任何事都应认真，一丝不苟，只有这样，才能一步步实现自己的目标。

小事不可小窥，这里面往往潜藏着巨大的机会。能把每一件小事都做精做细的人，往往会受到命运的青睐。许多在商场上打拼的人正是因为深谙此道，才能立于不败之地。

麦当劳就是一个很好的例子。它何以能消除国界，打破不同的饮食习惯而风靡世界呢？因为他会把每一件事做到极致。麦当劳每周都会有新产品推出，而且还会设计花样翻新的玩具，以吸引小孩子，再加上周到的服务，笑容可掬的麦当劳叔叔，小孩子去麦当劳就真像过节一样。小孩子嚷着去，大人自然也得陪着，以小孩子带动大人，同时又从小养成了人们爱吃麦当劳的习惯，让麦当劳生生世世在人们心中扎下了根。

麦当劳不仅想方设法吸引小孩子，还尽量用周到的服务吸引成年人，在麦当劳，就算在洗手间，你都可以感受到温馨。

麦当劳的员工都养成了一个良好的习惯，每次去洗手间，只要见到有一点的污渍就赶紧拭去，手纸用完了会及时更换。麦当劳新任总裁查利·贝尔就是从扫厕所干起的，所以他希望麦当劳的厕所比其他所有快餐店的厕所都干净。

这虽然只是一件小事，但却反映了麦当劳的服务精神，这样周到的服务怎能不激起顾客的欲望呢？也难怪麦当劳会风靡世界了！

这个世界的各个不同层面和领域都是由微小的事情组成的。一些威力强大的运动总是起源于某件不起眼的微小事物。使大自然能够吐故纳新、生机勃勃的主力军不是龙卷风，不是洪水，也不是偶然的暴风雨，而是温和的清风、凉爽的细雨和天地间温柔静谧、晶莹剔透的纤纤露珠。所以不要去忽略细小的事物。小事不为，大事难做成！

做事一丝不苟，意味着对待小事和大事一样谨慎。生命中的小事都蕴涵着不容忽视的道理，很少有人能真正体会到。那种认为小事可以被忽略的想法，正是我们做事不能善始善终的原因。我们只有从小事做起，养成一丝不苟的习惯，才能走向成功！

那些刚刚走上工作岗位的人，很少马上就被委以重任，他们往往是从小事认真做起的。一个人只有从小事做起，才能做成大事，如果一个连小事都做不来的人，如何做成大事呢？所以，我们无论做什么事情，都要认真对待，不能敷衍了事，如果你不保持认真负责的态度去工作，连小事都做得潦草，别人还怎么能让你去做大事呢？

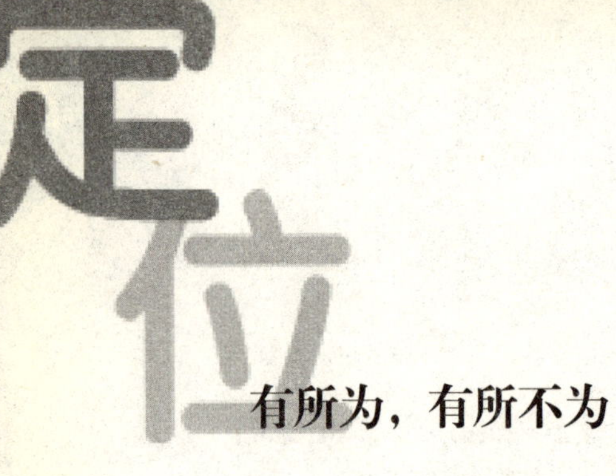

有所为，有所不为

生活当中做任何事都有一个深度的把握，该做的事，你应该积极地去完成，而对那些不应该做或者不应该接触的事要远离，不应该让名和利的诱惑占据了你的内心。

一个小孩子把手伸进一个装满糖果的瓶子里，他尽其所能地抓了一把糖果，却发现自己的手再也无法从瓶子中拿出来了。他既不愿放弃糖果，又不能把手抽出来，急得大哭了起来。旁边的人对他说："你少拿一点糖果，手不就可以出来了吗？"

在生活中，我们需要一种智慧：学会取舍。有舍才有得，就像一个装满水的杯子，是再也无法去装进其他东西的。

日本作家川端康成自从获得诺贝尔文学奖后，受盛名之累，常被官方、民间，包括电视广告商人等拉着去做这做那。文人难免天真，不擅应酬，心慈面软，不会推托，做事又过于认真，不懂敷衍，于是陷入忙乱的俗事重围，不知如何解脱，终于自杀，了此一生。报载，川端临终前，曾为筹措笔会经费而心力交瘁，情绪十分低落，这可能是促使他厌世的原因之一。

固然，对一位作家来说，能获得诺贝尔奖，固然是好事，但如果不被卷入使他烦恼不堪的琐事，依然宁静度日，以他东方式的智慧，或许会有更具哲理的创作留传于世。

常有人叹息生活忙乱，负担沉重。

当然，人生有许多摆脱不开的负担，但是，在这些负担之中，有许多是不必要的。由于太贪多、太求全，或太急切反而使自己顾此失彼。许多人在除了做自己分内的事情外，还要忙些不该忙的。俗务太多，就会将我们的心灵羁绊。

《湖滨散记》的作者梭罗，为了写一本书，而在大森林中度过了两年隐士生活。以自己种的豆、玉米为食，摆脱了一切剥夺他时间的琐事俗务，专心致志，去体会林间湖上的景色和他心灵所产生的共鸣，从中发现了许多道理，从而完成了这部名著。

名和利的诱惑，没有几个人能经受得住，所以我们大多数的人也总是被名利牵着鼻子走。自认为聪明的人类，在征服了自然之后，却被自己所设下的圈套牢牢困住……

我们大都只是凡人，如果大多数人都可以从俗务中解脱出来，世界也不会是现在这个样子。一个人若没有一点功利心，也就失去了前进的动力。但是，最重要的是把握好一个度。就像海洛因，用得恰到好处可以救人，用得过量可以害人是一样的。

永远追求第一

永远不要满足于目前的工作表现，要做到最好，才是最重要的。可能很少有人能把工作做到完美无缺的，但是在我们不断增强自己的信心、不断提升自己能力的时候，我们对自己要求的标准会越来越高，所以我们应该追求更好，而不是次好。

理查·派迪是赛车运动会上赢得奖金最多的选手。当他第一次赛车回来时，母亲对他所讲的一番话对他日后的成功起了很大的作用。

“妈！”他冲进家门叫道，“有30多辆车参加比赛，我跑第二。”

“你输了！”他母亲回答道。

“但，妈！”他抗议到，“您不认为我第一次就跑个第二是很好的事吗？特别是有这么多车参加比赛。”

“理查！”母亲严厉地说道，“你不用跑在任何人后面！”

接下来的20年中，理查·派迪称霸赛车界。他的许多纪录到今天还保持着，没被打破。他从未忘记母亲的教诲——“理查，你不用跑在任何人后面！”

是的，“你不用跑在任何人后面！一旦你从内心决定要得到第一，那么你就会取得更大的成就。

一个人的行动，绝不可能超过一个人的思想，而所有伟大的人生，都是在伟大思想的指引下产生的，首先，要在思想上拒绝平庸，然后，你才能更加优秀。

无数受人尊敬的成功者，都曾经宣称自己是第一人物。是这种信念，让他们取得了成功。

基安勒小的时候，随父母从意大利搬到了美国。他的童年是在底特津度过的，当时由于生活艰苦，他的童年生活很悲惨，因此，他养成了痛苦和自卑的性格。但是，母亲的一句话，却让他阴暗的心理充满了阳光。一天，他的母亲告诉他："世界上没有谁跟你一样，你是独一无二的。"从此，他的内心燃起了希望之火，他认定自己是最优秀的，没有人可以比得上自己。第一次去应聘时，秘书要他的名片，他递上一张黑桃A，结果立刻得到面试的机会。经理问他："你是黑桃A？"

"是的。"他说。

"为什么是黑桃A？"

"因为黑桃A代表第一，而我刚好是第一。"

就这样，他被录取了。

当然，基安勒成功了，他在一年内推销出了1425辆车，创造了世界纪录。

这就是第一的力量，你只有告诉自己，自己是最优秀的，才能激发出自己的潜能。

列宁说过，自信是走向成功的第一步。敢说"我是第一"的人总是充满自信，他们从不允许自己做第二，总是把自己置于一种没有退路的境地。一个人，只有把自己逼到绝境，才能爆发出一种常人难有的能量。

想一想那些因一分之差而落榜的考生，那些因一时失误而没有登上领奖台的运动员。成者为王败者寇，其结果往往是天壤之别。

现实很残酷，能做第一绝不做第二！

要懂得平衡

成功是建立在家庭与事业之上的，追求事业的成功时，不能把家庭的成功放在边上。真正的成功者，他们始终追求平衡的成功，追求精神与物质方面的同时成长，追求家庭与事业的共同成功。

很多人可能存在这样的心理：目前，事业为重，其他都等事业成功之后再说。为了事业，我可以牺牲一切。一些企业家表示，在过去的几十年里，他们不断地赚钱，努力拼搏，但等到赚到了钱，却发现已失去了很多，亲情、友情、爱情，这些人间最普通而又最珍贵的东西，在他们看来却是那么遥不可及，本来想要追求幸福，可却发现追了多年，幸福却离他们越来越远。

幸福到底是什么，我们很难给出一个明确的答案，因为在每个人的心目中，幸福的含义是不同的。有些人认为有钱就会幸福，但那是肤浅的，因为这个世界上有好多的东西是无法用金钱去买到的。也有人过于追求精神的享受而忽略了物质上的需求，但认为这样的生活就是幸福也是不为大多数人所接受的。毕竟，我们生活在一个物质社会中，首先要解决自己的温饱问题，才有资格去追求精神上的享受。所以，只有达到物质和精神生活的双重富有，才能称得上幸福，才能算是真正的成功。

只是在现在的社会中，好像有太多的人过于重视物质上的利益，“拜金主义”相当盛行，“金钱万能”的观点也深入人心。所以有太多的人为了赚钱而忽略了其他的事。但是，如果你过于重视人生某一件事物，而忽略其他，等到失去你以前忽略的事物后，你会有极大的罪恶感。如果你知道人生中的每一件你在乎的事情都值得重视，也在每一天不断地花时间去平衡它，那你不但会得到真正的满足，也不会忧虑你哪一天会失去它们。因此，一个人要得到内在的平和，要找到真正的核心价值，要重视生活中的各个方面，忽略某一件事都不算真正的成功。

不可否认，金钱在我们的生活中起着重要的作用，它可以为我们的生活提供保障。有这么一个故事：从前有位老国王召集聪明的臣子，交给他们一个任务，让他们编一本各个时代的《智慧录》好传给后代子孙们。这些臣子领命后就着手忙碌去了。工作了一段时间，总算完成了，一共有20卷。国王看了之后认为这的确是各个朝代智慧的结晶，只是内容太多了，没人会有这么多的时间去读这本书，国王让臣子们再把这本书的内容浓缩一下。这些臣子于是又开始工作，经过删减，20卷变成了一卷。可国王看后，还是觉得太厚、内容太多，下令再次删减。就这样如此三番，最后浓缩为一页，一页又浓缩为一段，一段最后浓缩为一句话：天下没有白吃的午餐。老国王看了这句话后非常满意，认为这的确是各个时代的智慧结晶。

“天下没有白吃的午餐”，这个道理也被每一个人所接受，所以，我们每天都奋斗着，每天都在为我们的面包而劳动着。因为，要想拥有财富，我们首先要付出努力。当然，只有努力是不够的，天底下知道努力的人很多，但真正富裕起来的却很少，因为我们不仅需要努力，还需要有头脑。例如比尔·盖茨虽然是靠电脑操作系统DOS发迹的，但他并不是该系统的发明者，真正的发明者很早就在一场酒吧斗殴中丧生，享年只有54岁。比尔·盖茨的伟大在于他能够运用自己的头脑把这一系统推进、再推进。

再就是，要敢为天下先，要争做第一个吃螃蟹的人，有勇气去开拓别人还没有开拓的领域。第一个做的是天才，第二个做的是庸才，第三个做的就是蠢才了。如果你想成功，就必须有自己独到的眼光，发现别人尚未发现的宝藏。

做任何事都不要步人后尘，只有这样，你才能抓住机遇，才能成就自己的事业。但是，在我们追求物质的过程中，不要忽略了人生中更重要的亲情，那才是值得我们用一生去珍惜的。

追求成功的结果很重要，可是过程也很重要。必须在做每一件事情的过程中去享受，使自己感到快乐，否则就算达成目标，成功也不会持久。

卡耐基曾经说过："成功就是过着平衡式的生活。"追求平衡的成功，在精神与物质两方面同时成长，友情与爱情兼顾，金钱与知识并重，家庭与事业都完美，并享受努力的过程，这样你一定会非常快乐，这才是真正的成功。

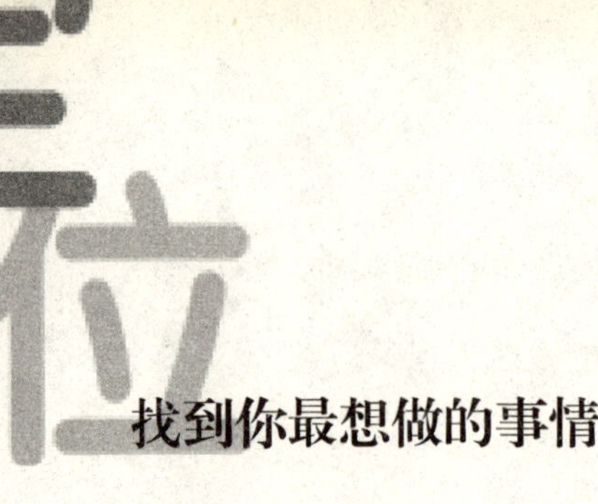

找到你最想做的事情

我们在工作、学习、生活中都想找到一种事半功倍的好方法，但是，怎样才能掌握这种方法呢？

重要的一点就是找到人生最关键的事情去做。例如在工作中我们不应要求面面俱到，应该把握入手去做的关键地方，尽量避免烦琐的过程。

杰克是一家电话公司的总裁。有一次，他想在办公室的阳台上设计一个小花池，他对设计师说，自己工作繁忙，偶尔还要出国，因此没有时间经常照料这个小花池，设计师应重设计出自动浇灌等省时、省力的装置。

设计师没有办法，只好说："你作为一名总裁应该很清楚，一个没有园丁的花园怎么可能长出花朵呢？"

这个故事很有意思，它告诉我们办事情要抓住关键。抓住事物的关键，做起事来就会事半功倍。

不少的人之所以会被埋没，除了客观原因之外，还有其自身的因素，那就是没有找到令自己为之献身的具体事业目标。成功者们始终将目光集中在他们的目标上，他们常常在向目标奋进的过程中运用想象提醒自己，集中精力，全力以赴。他们将力用在一点上，所以才取得了令人无法企及的成绩。

拉马克于1785年出生于法国毕加底，他是兄弟姊妹中最小的一个，最受父母的宠爱。拉马克的父亲希望他长大后当个牧师，于是送他到神学院读书。后来由于德法战争爆发，拉马克当了兵，他因病退伍后，爱上了气象学，想当气象学家。后来，他在银行找到了工作，便又想当个金融家。不久，他又迷上了音乐。在哥哥的劝说下，他还学了4年医，可是却对医学并不感兴趣。在他24岁那年，他遇到了法国著名的思想家、哲学家和文学家卢梭，卢梭的引导使拉马克对科学产生了浓厚的兴趣。从此，他潜心研究植物学，写出了名著《法国植物志》。在他50岁的时候，他又开始研究动物学，此后用了30多年的时间来研究动物学，最后终于成为一位著名的动物学家。

仔细思考之后，你会明白，人生的不平衡是因为我们着急扮演某一角色，却忽略了另一个可能更重要的角色。

其实，生活不过是各种角色无次序的组合，你并不需要在每个角色上花费同样的时间才能取得平衡，而是要抓住最关键的角色，完成最重要的事情。

如果你清楚地认识到各种角色之间的关系，就会自然而然地这样做，你的生活也就随之保持一种平衡。

人生的道理也是同样的，找到你人生中最关键的事情，然后去努力奋斗，你定将拥有一个成功的人生。

所以说，从现在开始，你应该对自己有充分的认识，并认真安排自己未来一段时间的生活，做个详细的计划。这时你最需要弄清的是，最关键的事情到底是什么？想弄清这个问题就要先思考你最看重的是什么，人生是为了什么而奋斗，你希望自己成为什么样的人，为

了达到这个目标，你能付出什么？将这些答案记录下来，你就会发现，其中包含了你自身的期望，以及在人生中体现出的一种信念或使命，而你的人生之路也会清晰地呈现在你的面前。

有明确而完整的构想

一个人想要获取成功，首先要定义“成功”的界面，这个界面就是目标——一个明确的目标。因为一个明确的目标是所有行动的出发点。

“劳心者治人，劳力者治于人。”凡是事业有成的人士，都有一个共同的特征，那就是善于心术。他们在做事之前，总会有明确的计划，他们很清楚自己该做什么，不该做什么，以及怎样去做。

有一次，在高尔夫球场，威廉在草地边缘把球打进了杂草区。有一个青年刚好在那里清扫落叶，就和他一块儿找球。当时，那个青年很犹豫地说：“威廉先生，我想找个时间向你请教。”

“什么时候？”威廉问道。

“哦！什么时候都可以。”他似乎颇为意外。

“像你这样说，你是永远没有机会的。这样吧，30分钟后在树下长凳上见面吧！”

30分钟后，他们在树荫下坐下，威廉先生问他叫什么名字，然后说：“现在告诉我，你有什么事要同我商量？”

“我也说不上来，只是想做一些事情。”

“能够具体地说出你想做的事吗？”威廉问。

“我自己也不太清楚。我很想做和现在不同的事，但是不知道该做什么好。”他显得很困惑。

“那么，你准备什么时候实现那个还不能确定的目标呢？”威廉又问。

青年对这个问题似乎既困惑又激动，他说：“我不知道。我的意思是有一天，有一天想做某件事情。”

于是，威廉问他喜欢做什么事，他想了一会儿，说想不出有什么特别喜欢的事。

“原来如此，你想做某些事，但不知道做什么好，也不确定要在什么时候去做，更不知道自己最擅长或喜欢的事是什么。”

听威廉这么说，他有些不情愿地点头说：“我真是个没有用的人。”

“哪里，你只不过是没有把自己的想法加以整理，或缺乏整体构想而已。你人很聪明，性格又好，又有上进心。有上进心才会促使你想做些什么。我很喜欢你，也信任你。”

威廉建议这个年轻人把自己的思想整理出来，然后再来找他。

两个星期后，那个青年显得有些迫不急待，至少精神上看来完全变了一个人似的出现在威廉眼前。这次他带来明确而完整的构想，并且明确了自己的目标，那就是要成为他现在工作的高尔夫球场的经理。现任经理5年后退休，所以他把达成目标的日期定在5年后。

他在这5年里确实学会了担任经理必备的常识和领导能力。经理的职位一旦空缺，没有一个人是他的竞争对手。

又过了5年，他的地位依然十分重要，他成为了公司不可缺少的人物。他根据自己任职的高尔夫球场的人事变动决定未来的目标。现在他已过得十分幸福，非常满意自己的人生。

对自己的人生有一个明确的规划，才不至于迷失方向。思想是指航灯，它会带领我们冲出迷雾，驶向成功的彼岸。

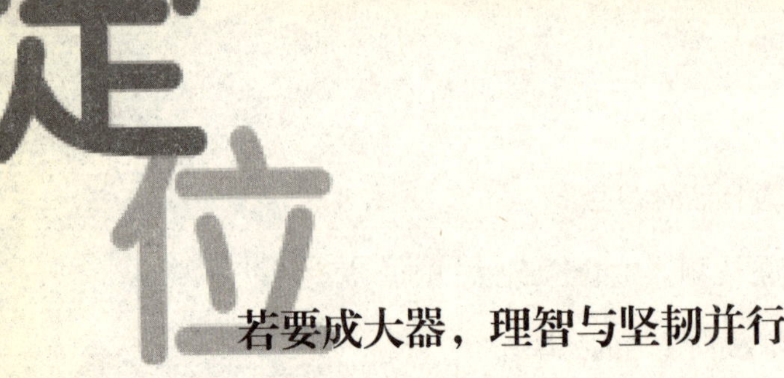

若要成大器，理智与坚韧并行

如果不能踏踏实实地安于自己的生活和工作，时常好高骛远，飘忽不定，自然无法把工作做好。只要全力地奉献自己的时间和精力，在每一份工作中竭尽所能，你的薪水报酬就不可能不被提升。

固然，一个人知道自己的努力方向很重要，知道自己与目标的距离远近也很重要，但是，他却必须从现实着手，给自己制定一个切实可行的计划，根据计划，从现实出发以达到最终的目的。

高远的目标不能掩盖现实的需要，更不能代替现在的努力。大事业的成功，首先是要彻底解决好眼前的问题。

《庄子》中曾讲过这样一个故事：有一个叫朱漫平的人想学一项特殊的本领。于是便变卖了全部家产，带了钱粮到远方去拜支离益做老师，跟他学习杀龙技术。

转瞬三年，他学成回来。人家问他究竟学了什么，他一面兴奋地回答，一面就把杀龙的技术：怎样按住龙头，踩住龙的尾巴，怎样从龙脊上开刀等指手画脚地表演给大家看。大家都笑了，就问："什么地方有龙可以杀呢？"朱漫平这才恍然大悟，原来世上根本没有龙这样东西，他的本领是白学了。

有理想是好的，但是不切实际，脱离现实，理想必然会成空中楼阁。现实是理想的基础，忘记这一点，注定会失败。

下面这段话是安葬于西敏士教堂的一位英国主教的墓志铭：

我年少时，意气风发，踌躇满志，当时曾梦想要改变世界。

当我年事稍长，阅历增多时，我发觉自己无力改变世界。于是我缩小了范围，决定先改变我的国家。

但这个目标还是太大了。

接着我步入了中年，无奈之余，我将试图改变的对象锁定在最亲密的家人身上。然而天不从人愿。他们个个还是维持原样。

年事已高时，我终于顿悟，我应该先改变自己，用以身作则的方式影响家人。

若我能先当家人的榜样，也许下一步就能改善我的国家，这样我甚至可能改造整个世界，谁知道呢?

这段话告诉我们一个道理：人生不能没有理想，没有理想的人生将一事无成，永远被别人踩在脚下。正如哲学家托·富勒所说："伟大的抱负造就伟大的人物。"

不过，理想不等于幻想，更不是空想。我们只有从现实出发，尊重实际，才可能实现自己的抱负。换言之，我们要站在地上，登上梯子去摘我们想要的东西，否则，我们就会面临被摔在地上的命运。

学会适应改变

拥有灵活的应变能力，你才能适应当今这个计划赶不上变化的时代，你才能应付各种各样的挫折与困难。

生命永远处在变化的状态，斗转星移，四季转换，大雨落下，河水流逝，风和海浪起起落落，一切都在不停地改变。而一个人，只有学会适应改变，才能生存。

三伏天，禅院的草地枯黄了一大片。“快撒点草籽吧！好难看啊！”小和尚说，“等天凉了……”

师父挥挥手：“随时！”

中秋，师父买了一包草籽，叫小和尚去播种。

秋风起，草籽边撒、边飘。“不好了！好多种子都被吹跑了。”小和尚喊。

“没关系，吹走的都是空的，不吹走也发不了芽。”师父说：“随性！”

撒完种子，跟着飞来几只小鸟啄食。“要命了！种子都被鸟吃了！”小和尚急得直跳脚。

“没关系！种子多，吃不完！”师父说：“随遇！”

半夜一阵骤雨，小和尚早晨冲进禅房：“师父！这下真完了！好多草籽被水冲走了！”

“冲到哪儿，就在哪发芽！”师父说，“随缘！”

一个星期过去了，原本光秃秃的地面，居然长出许多青翠的草苗，一些原来没播种的角落，也泛出了绿意。

小和尚高兴得直拍手。

师父点头："随喜！"

随不是随便，是顺其自然；随不是随便，是把握机缘。

生命中惟一不变的就是变化本身。我们应该学会那位禅师的智慧，用一颗平常心来面对一切。

培养好的习惯

要想改变自己的命运，首先要改变自己的习惯，培养一个好习惯。一个坏习惯多于好习惯的人，他的人生是向下沉沦的；而一个好习惯多于坏习惯的人，他的每一天都是积极的、充满活力的。

培根说过：“习惯是人生的主宰。”养成良好的习惯，将会让你一生受益。

“早睡早起好习惯”这是一个类似童谣一般的每个人都习以为常的一句话，但却是一句很有道理的话。

经过一夜的休整，人们的身体得到全面的放松，精力充沛，头脑清醒，记忆力也进入最佳状态，而且早上空气清新，比较适合人们进行锻炼，有利于身体健康，不过也有人认为进行充分的休息才是保持健康的关键。无论哪种观点正确，至少有一点可以肯定，那就是人们的精神状态在早上起床后是最好的。

谁能够起得早并做好一天的工作计划，而且及早按计划行事，那么他一整天的工作就会很顺利，因为他抓住了时间的缰绳，也一定会走在时间的前面，驾驭好自己的工作。而那些行事拖拖拉拉的人做事总是慢一拍，深受拖拉之苦。早早地做好准备投入到一天的工作中，饱满和兴奋的情绪会给人的思想和言行注入令人振奋的力量，使人一整天都干劲十足，这一点很多人都有体会。那些起得晚的人总是为自己开脱，说他们和那些起得早的人干的活一样多，这样说可能有一定道理，但是总的来说，早起的人一整天都会生机勃勃，干劲十足，工作效率也就更高。

培养一种勤奋的习惯也是你成功的一种基础。惟有勤奋才能使一个人充分发挥自己的才能，享受到人生的欢愉。圣保罗告诉我们："这是对你们的要求，谁要是不工作的话，他也不应该吃饭。"看起来这是至理名言。就像2000年前一样，任何一个身心健康的人，只有劳动才有资格活在这个世界上。

勤，总是同"苦"字联系在一起的。而甘于吃苦，一辈子勤奋努力，如果没有一点韧性，是很难做到的。在我们勤奋工作的时候，尽管还没得到成功的报答，却已先磨练了自己的意志，培养了自己的坚韧，这难道不是一种收获吗？

北宋史学家司马光每天都早起，怕睡过头，他给自己做了一个圆木的枕头，枕这种枕头，只要稍微动一下，枕头就滚开，头就落在木床上，人就会惊醒。司马光把这个枕头叫做"警枕"，意在警策自己，不可松懈懒惰。

18世纪法国哲学家布丰25岁时定居巴黎。他有晚起的惰性，想克服，终未见效。后来他请了一个彪悍的仆人来监督自己。他和仆人讲明：不管他晚上多迟睡觉，每天早上5点钟必定把他叫醒，叫不醒他可以拖他起来，他要是发脾气，仆人可以动武，如果仆人没有做到要受罚。这位仆人忠于职守，终于使布丰每日清晨即起，看书、运动。

业精于勤而止于惰，勤奋从来就是一切成功者共有的品格。天下没有不劳而获的东西，所有的一切，都要靠勤奋努力去获取。

有了勤奋的良好习惯，还应该有良好的时间观念。我们每个人一天都拥有24个小时，但在这同样的时间里，不同的人有不同的收获。“天道酬勤”就是说老天爷会眷顾那些勤劳的人。时间是笔无形的财富，你要学会充分利用它。浪费时间是可耻的，因为这是世界上最宝贵的东西，它如流水，一去不复返。古语有云：一寸光阴一寸金，寸金难买寸光阴。可见我们的祖先早就意识到这个问题了。

朱自清曾在著名的散文《匆匆》里这样写道：“洗手的时候，日子从水盆里过去；吃饭的时候，日子从饭碗里过去；默默时，便从凝然的双眼前过去。我觉察他去的匆匆了，伸出手遮挽时，他便从遮挽着的手边过去；天黑时，我躺在床上，他便伶伶俐俐地从我身上跨过，从我的脚边飞过。等我睁开眼和太阳再见，这又算溜走了一日。我掩着面叹息。但是新来日子的影子，又开始在叹息里闪过了。”

时间的流逝就是这样无情、可怕，没有人可以挡住他们的脚步。赫胥黎曾很形象地说过：“时间是最不偏私的，给任何人都是24小时；同时时间也是最偏私的，给任何人都不是24小时。”而聪明人总会千方百计地利用时间，好多卓有成就的人都是珍惜时间的典范。曾有人夸赞鲁迅是天才，鲁迅说，哪里来的天才，我只是把别人喝咖啡的时间都用在了写作上。只有懂得珍惜时间的人，才懂得生命的可贵；只有懂得充分利用时间的人，才能取得更加骄人的成绩。

把繁琐累赘一刀砍掉

如果你希望成为一个快乐的人，那么你需要记住随手关上身后的门，学会将过去的悲伤、错误、遗憾都抛在脑后，尽量向前看。

有这样一则故事：一个秀才从家里到一座禅院去，在路上他看到一件有趣的事，他想以此去考考禅院里的老禅师。来到禅院，他与老禅师一边品茗，一边闲聊，冷不防问了一句："什么是团团转？"

"皆因绳未断。"老禅师随口答道。秀才听到老禅师这样回答，顿时目瞪口呆。

禅师见状，问道："为何如此惊讶？"

"我惊讶的是您是怎么知道的？"秀才说，"我今天在来的路上，看到一头牛被穿了鼻子。拴在树上，这头牛想离开这棵树到草地上去吃草，谁知它转来转去都不得脱身。我以为师傅既然没看见，肯定答不出来，哪知师傅出口就答对了。"

老禅师微笑着说："你问的是事，我答的是理，你问的是牛被绳缚而不得解脱，我答的是心为俗务纠缠而不得超脱，一理通百事啊。"

秀才大悟。

一只风筝再怎么飞也飞不上万里高空，因为它被绳牵住了；一匹健壮的马，再怎么烈，也只能在马鞍下任由鞭抽，因为它被缰绳套住了。因为一根绳子，风筝失去了天空；因为一根绳子，水牛失去了草地；因为一根绳子，大象失去了自由；因为一根绳子，骏马失去了驰骋的天地。

而我们呢？我们又失去了什么？

越襄王曾向王子期学习驾车的技术，自认为学成之后便要求与王子期进行比赛，结果几场比赛下来越襄王都输了。襄王不高兴，责怪王子期没有倾囊相授。

王子期回答说："驾车的方法、技巧，我已经全部教给大王了。只是您在运用的时候有些舍本逐末，忘却了要领。一般说来，驾车时最重要的是使马在车辕里松紧适度，自在舒适；而驾车人的注意力要集中在马背上，沉住气，驾好车，让人与马的动作配合协调，这样才可以使车跑得更快、更远。可是刚才您在与我赛车的时候，只要是稍有落后，你的心里就着急，使劲鞭打奔马，拼命要超过我；而您一旦跑到了我的前面，又时常回头观望，生怕我会赶上。总之，在远距离的比赛中，有时在前，有时落后，都是很正常的；而您呢，不论领先还是落后，始终心情十分紧张，您的注意力几乎全都用在比赛的胜负上了，这样又怎么可能去调好马、驾好车呢？这就是您三次比赛三次落后的根本原因啊。"

过于在乎名利成败，反而使我们作茧自缚。

我们的一生中，充满着太多的诱惑，金钱、名利、虚荣、地位等，所有这些都是紧紧套住我们的枷锁。只有摆脱这些束缚才能放开手脚，得到我们真正想要的。所以，让我们把繁琐累赘一刀砍断吧。

第四章 DI SI ZHANG

强者需要一颗平常心

成功人士与失败者之间的差别是：成功人士始终用最积极的思考、最乐观的精神和最充分的经验支配和控制自己的人生。失败者则刚好相反，他们的人生是受过去的种种挫折与疑虑所引导和支配的。

保持平常心，路越走越宽

居里夫人曾两度获得诺贝尔奖，她是怎么样对待这种荣誉的呢?得奖之后，她照样钻进实验室，埋头苦干，而把荣誉和成功的金质奖章给小女儿当玩具。有的客人见了感到很惊讶。居里夫人笑了笑说："我想让孩子们从小就知道，荣誉就像玩具，只能玩玩而已，绝不能永远地守着它，否则你将一事无成。"

而有的人却不是这样，他们做出了点儿成绩，出了点儿名之后，便沾沾自喜起来，自以为功成名就了，就可以天天吃老本了，从此便失去了新的奋斗目标。《菜根谭》上说："此身常放在闲处，荣辱得失谁能差遣我；此身常放在静中，是非利害谁能瞒昧我。"意思是说，经常把自己的身心放在安闲的环境中，世间所有的荣华富贵和成败得失都无法左右我；经常把自己的身心放在安宁如常的环境中，人间的功名利禄和是是非非就不能欺骗、蒙蔽我了。

在社会竞争日益激烈的今天，有一种平和的心态，对身体的健康和事业的成败都是至关重要的。当然，平常心是一种经历挫折和失败，不断奋斗努力才能历练出的人生境界。要想保持平常心，看到别人经常出入一些高级场所不羡慕，看到别人拥有自己没有的不忌妒，不为一切浮华沉沦，而是好好珍惜自己目前所拥有的一切。我们还要从精神上摆脱过多的物欲和得失心理，懂得正确看待别人所拥有的富贵荣华。不妨把一切的功名利禄视为过眼烟云。保持住一颗甘愿淡泊而宁静的心灵。这又是人生的一种智慧，更是一种高尚的操守。

时光如白驹过隙，人的一生也是那样匆忙，要想快乐地品尝到人生的精华，需要我们保持一种不卑不亢、宠辱不惊的平常心。在一些高档场所，我们不必为自己身上的寒酸衣物而羞愧，遇见大款和高官也不用点头哈腰。我们只要保持住心中的那份坦然，即使出身卑微，也不必为此愁眉不展，我们不妨快乐地昂起头，迎接阳光的洗礼。纵然没有高的学历，我们也不自惭形秽，仍然要保持一种积极拼搏的人生态度。只要我们尽自己的最大努力，勇敢地面对人生的挑战，无愧于自己，无愧于社会和他人，我们的心灵就会多一份自然。

保持一颗平常心，是一门生活艺术，更是一种处世智慧。人生在世，生活中有乐有苦，有荣有辱，这是人生的寻常际遇，不足为奇。古往今来，万千事实证明，凡是有所成就者无不具有“宠辱不惊”这种极宝贵的品格。荣也自然，辱也自在，面对现实，一往无前。

生活在这个世界中的我们，总会面临着生老病死等不幸，面对这些从天而降的灾难，我们还能否保持住心中的那份宁静，如果能处之泰然，则总能使平静和开朗永在心底。而有一些人面对突如其来的境遇方寸大乱，不亚于《红楼梦》中那个听到贵妃殡天的贾母，以为天要塌下来了，从此一蹶不振。同样的境遇，不同的人就会产生不同的反应。他们的差距表现在哪里呢？根本的原因就在于能否保持一颗平常心，是否能及时而平静地处理变故。

一些古今中外的伟人，他们遇事不慌，沉着冷静，正确地判断所处局势，及时应变，取得了令人瞩目的成就。一般来说，人们只要不是处在激怒或疯狂的状态下，都能够保持自制并做出正确的决定。健康正常的情绪，不仅平时可以给生活带来幸福稳定和畅快，而且能在大难临头的时候，帮助你逢凶化吉，转危为安。

保持平常心绝不是安于现状。人类的伟大在于永不休止的渴望和追求，历史的嬗变在于千百万创造历史的人们永无休止地劳作。生命是一个过程，而生活是一条小舟。当我们驾着生活的小舟在生命这条河中款款漂流时，我们的生命乐趣，既来自于与惊涛骇浪的奋勇搏击，也来自于对细波微澜的默默深思；既来自对伟岸高山的深深敬仰，也来自于对草地低谷的切切爱怜。所以我们平常的生命，平常的生活一经升华，就会变得不那么平常起来。因为，生命和生活是美丽的，这种美丽，恰恰蛰伏于最容易被我们忽略的平平常常之中。没有把平常日子过好的人，体味不到人生的幸福，没有珍惜平常的人，不会创造出惊天动地的伟业，因为平常包容着一切，孕育着一切，一切都蕴含在平常之中。

保持平常心是人生的一种境界。平常心不是平庸，它是源于对现实清醒的认识，是来自灵魂深处的表白。人生在世，不见得权倾四方和威风八面，也就是说最舒心的享受不一定是物欲的满足，而是性情的恬淡和安然。

如果能够对生活中的各种境况随遇而安，我们即使在逆境中也能镇定自若，也能以从从容容的心情看待人生的苦与乐，以平常的心态去迎战一切。诸葛亮说：“淡泊明志，宁静而致远。”平常心是人生中的一种美丽，有了它，我们会不做作、不粉饰，襟怀坦然。平常心不仅会给自己一颗明亮和洞穿世事的慧眼，还可以使自己拥有美好充实的人生。

保持积极的心态，收获成功的果实

许多人认为，命运在一个人的一生中起着非常重要的作用，因为冥冥之中会有什么东西对我们的生命进行操纵，种种机缘巧合让我们觉得人生无常。可是这些人却并没有意识到，这样的想法要是放在古代，或许还情有可原，毕竟那时的科技还不发达，有很多现象难以用一种合理的方式解释，于是将其归咎于命运。可是若现在还存在着这样的观点，就是大错特错了。没有任何人在操纵着我们的命运，每个人的命运都在自己的手中，在他对待事物的态度中，在他的行为方式里。

有人问一位有名的车工师傅，跟他学艺的一个徒弟能不能成为他的衣钵传人。没想到这位车工师傅毫无情面地说："绝对不能！"这人很奇怪，继续追问下去，这位师傅道出了心中的想法。

"这弟子家中的条件很好，他人也很聪明，本来能有一个这样的徒弟，已经很不错了。可惜他整天只知道吃喝玩乐，心思根本不在学艺上。"师傅见解如此，徒弟的未来可想而知。

一个人的命运掌握在自己的手里，即使拥有了再好的先天条件，如果不愿意在艰苦奋斗中锻炼出真才实学，这样的人不会有所成就。问题不在于一个人所具有的条件，而是我们面对问题和困难时候的态度。一个只知道享乐毫无进取心，更没有奋斗精神的人，怎么会在自己的人生道路上留下什么惊人的轨迹呢？

人生的道路上充满了坎坷，布满了荆棘。所以人们常常说，人生的道路不可能是一帆风顺的，挫折随时都有可能出现，只要对自己的人生道路充满了憧憬和希望，刻苦努力，就能到达人生光辉的顶点。

要实现自己的人生目标，不能依靠命运的赐予，而要依靠自己永不放弃，顽强拼搏的态度。

著名的音乐家贝多芬一生的成就让我们永远纪念他。从他手上流动出来的音符不知道打动了多少双耳朵，他的音乐跨越空间和时间成为永恒的经典。可是他的一生并不顺利，甚至充满了贫穷和苦难。

他所遭到的磨难和贫困不但使他的双耳失聪，还几乎逼得他去行乞，甚至差点把这位“乐圣”所钟爱的事业给毁掉。然而他没有因为命运的打击而一蹶不振，而是不断向“命运”进行挑战，并取得了最终的胜利。贝多芬最伟大的作品《命运交响曲》，就是在他两耳失聪、生活最悲痛的时候写出来的。

贝多芬在给一位公爵的信中所说：“公爵，你之所以会成为公爵，只是由于偶然的出身；而我之所以成为贝多芬，则是靠我自己。”从中我们看到一位自信，毫不示弱的音乐家对命运的态度。

我们知道：如果一个人在各方面长期觉得自己比别人差，他就会觉得自己处处比别人差。反之，如果一个人在很多方面有过人之处，他就会养成一种态度：自己是强者。于是他所能取得的成就也就可想而知了，尽管当初他们有着相同的条件和基础。

拥有向上的心态，助你一臂之力

人的一生不会是风平浪静的，在这短短的几十年中，我们会遇到许多挫折，但用不同的态度去面对这些挫折所产生的结果大不相同，这也是成功者与失败者之间的差异所在。

有一个老太婆每天都是愁眉苦脸的，有人好心地问她是什么原因，老太婆说，她有两个女儿，大女儿是卖雨伞的，小女儿是卖草帽的。晴天的时候，小女儿的草帽生意好，可大女儿的雨伞就卖不出去了，她为大女儿发愁；下雨天吧，大女儿的雨伞卖得好，但小女儿的草帽又卖不出去了，她又为小女儿发愁。好心人听后，劝老太婆说："你应该换一种思路来看事情，晴天的时候你应该想：今天我小女儿的草帽生意会很好；雨天的时候，你应该想，今天我大女儿的伞会卖出去很多。这样，你晴天会替小女儿高兴，雨天也会为大女儿高兴。"老太婆一听，果然有理，从此以后，老太婆是晴天也乐，雨天也乐。

有时，我们没有办法改变环境，但至少，我们能改变自己的心境。心境如水，你把它装在什么样的容器里，它就会是什么样的形状。

有一个女人，她的名字叫艾丽丝。战争时期，她的先生驻守在加州莫嘉佛沙附近的陆军训练营里，她为了和他接近一点，也搬到那里去住。到了那里才知道，那里没有一点浪漫。四处一片荒凉，风沙迷

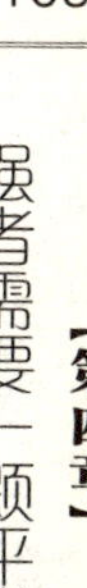

眼，没有水，没有食物，没有绿色，有的只是酷日炎炎，由于语言不通，甚至找不到一个人可以交谈。

她这样说：

“我当时真是过得一塌糊涂，我写了封信给我的父母，告诉他们我受不了了，要回家。我说我连一分钟也待不下去了，还不如到监狱里去算了。我父亲的回信只有两行字。这两行字一直印在我的记忆中，使我的生命为之改变。

‘两个人从监狱的铁栏里往外看，一个看见的尽是些烂泥，另外一个看见的则是满天星斗。’

我把这两行字念了一遍又一遍，自己觉得非常惭愧。我下定决心，一定要找出当时情形下还有什么好的地方。我要去看那些‘星星’。”

从此以后，她改变了生活态度，开始主动与当地那些土著居民接触，她慢慢适应他们的生活，并开始体会生活的快乐，她迷上了沙漠的落日，仙人掌和丝兰那迷人的姿态也让她如醉如痴。

“是什么使我产生这样惊人的改变呢？莫嘉佛沙漠丝毫没有改变，那些印第安人也没有改变，可是我变了。我改变了我的态度，在这些变化之下，我把那令人颓丧的境遇和切身的感受，写成了一本叫《光明的城垒》的小说……我从自己设下的‘监狱’往外望，并找到了‘星星’。”

调整好你的心情，你也会看到满天的星星。

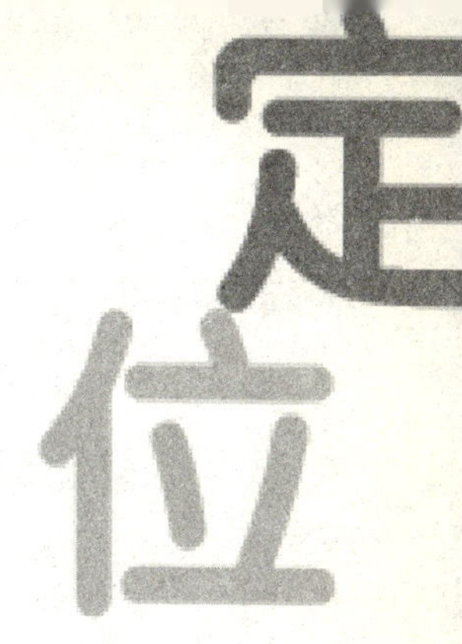

有胸怀才能有成功

任何人都应谨记："人无完人"。谁都有犯错误的时候。你原谅别人所犯的错，也是在给自己搭建一座社交上的桥梁。

大海之所以宽广，是因为它从不拒绝流进它的每一滴水。人，之所以伟大，是因为他有包容万物的胸怀。每一个成功的人士，都有着宽广的胸怀，所以才能聚集起各样的人才而为我所用。就像大海，收进每一滴水，才永不枯竭。

美国的石油大王约翰·洛克菲勒，曾经在美国积聚起巨额的个人财产，他的财产比摩根、哈里曼、杜邦或19世纪任何一家大财主的财产都多得多。他的名字在美国家喻户晓，知名度远远超过多数美国总统。由他一手建立的王朝垄断了全美的石油业，他独特的行事作风和深透的经营思想至今仍深深影响着当代社会。他之所以能够成功，与他手下有一批精兵强将是分不开的。

在洛克菲勒完成石油垄断的过程中，当时的法律和舆论都不允许垄断，洛克菲勒就找到一位当时最有才干的律师，他是钻法律空子的专家，名叫多德。多德曾是洛克菲勒的一个劲敌，他曾在宾夕法尼亚州的制宪会议上斥责洛克菲勒是一条"蟒蛇"。事隔10年之后，洛克菲勒不计前嫌，以高薪聘请多德作为他的美孚公司的法律顾问，为其在法律界赢得了地位。

在洛氏家族中另一位有名的人物是约翰·亚吉波多，这个人也曾是洛克菲勒的劲敌。他曾是生产者联盟的领袖，曾险些把洛克菲勒搞垮。后来，洛克菲勒却将他收归帐下，曾通过他为自己收购石油原产地的股票，为洛克菲勒的垄断立下了汗马功劳。这位被大众认为是间谍兼颠覆者的人，是民众和广大石油业者的叛徒，由他亲手颠覆的大小企业不计其数。

正是由于洛克菲勒不计前嫌，网罗了这些人才，才建立起了他的石油帝国。

三国时期，吕蒙刚任宰相时，有一位官员在帘子后面指着他对别人说："这个无名小子也配当宰相吗？"吕蒙假装没听见，大步走了过去。其他参政为他忿忿不平，准备前去查问是什么人敢如此胆大包天，吕蒙知道后，急忙阻止了他。

散朝后，那些参政还感到不满，后悔刚才没有找出那个人。吕蒙对他说："如果知道了他的姓名，那么就一辈子也忘不了了。这样的话，多么不好哪！所以千万不要去查问此人姓甚名谁。其实，不知道他是谁，对我并没有什么损失呀。"

斤斤计较，不但伤了别人，也会伤了我们自己。做人做事还是宽容些好，我国有句古训："欲乐，莫过于善。"这里的善就包含了宽容和豁达的意思。

公元199年，曹操与实力最为强大的北方军阀袁绍相拒于官渡，袁绍拥兵十万，兵精粮足，而曹操兵力只及袁绍的十分之一，又缺粮，明显处于劣势。当时有很多人都以为曹操这一次必败无疑了。曹操的部将以及留守在后方根据地许都的好多大臣纷纷暗中给袁绍写信，准备一旦曹操失败便归顺袁绍。

半年多以后，曹操采纳了谋士的奇计，袭击了袁绍的粮仓，一举扭转了战局，打败了袁绍。曹操在清理从袁绍军中收缴来的文书材料时，发现了自己部下的那些信件，他连看也不看，命令立即全部烧掉，并说："战事初起之时，袁绍兵精粮足，我自己都担心能不能自保，何况其他的人？"这么一来，那些动过二心的人便全都放了心，对稳定大局起了很好的作用。

欲成大事，必须学会包容。人无完人，每个人都有缺点，每个人也都有犯错的时候，我们只有学会包容，才能成就自己的一番事业。

善待他人

要想赢得人心，最好的方法就是善待他人。我们要真心相信身边所有真诚的朋友，只有这样才能得到他们的心，我们也就有了一条通往他们内心深处的平坦大道。

有了爱，人才变得伟大。只有胸中有了博大的爱，才能真正去关心、爱护他人。体贴、关心他人是一种无私的奉献，在你没有计较代价的时候，你已经获得了丰厚的回报：他人的爱。

有一个人被带去参观天堂和地狱，以便比较之后能聪明地选择自己的归宿。他先去看了魔鬼掌管的地狱，第一眼看去令人十分吃惊，因为所有的人都坐在酒桌旁边，桌上摆满了各种各样的佳肴，包括肉、水果、蔬菜等。

然而，当他仔细看那些人的时候，他发现没有一张笑脸，也没有伴随盛宴音乐狂欢的迹象。坐在桌子旁边的人看来郁郁寡欢，而且皮包着骨头。这个人发现那些人的左臂都捆着一把叉子，右臂都绑着一把刀，刀和叉都有二尺长的把手，使它不能用来将食物送到自己嘴里。所以即使每一样食品都在他们手边，结果还是吃不到。他们一直在挨饿。

然后他又到了天堂，景象完全一样：同样的食物、刀、叉，但天堂的人却在唱歌、欢笑。这位参观者很困惑，他不明白为什么相同的情况，结果却如此不同。在地狱的人都在挨饿，可是在天堂的人却吃得很好，而且很快乐。最后，他终于看到了答案：地狱里每一个人都试图喂自己，可是一刀一叉及二尺长的把手使他们根本不可能吃到东西；而天堂上的每一个人都是喂别人，同时也被对方所喂，因为互相帮助，结果帮助了自己。

人与人之间只有相互关心，才有温暖。没有爱的世界，是个冰冷的世界，我们只有用彼此的心灵相互取暖，才能感觉到温暖。有人常说感到世态炎凉，当然不可能每个人都那么无私，那么真诚。但是，若我们每个人都能释放出内心的爱，那么再冷的冰也会有一丝温情。

一个生机勃勃的男孩对着山谷大喊："我恨你！我恨你！"山谷立刻传来了回声：我恨你！我恨你！这个小男孩吃了一惊，跑回家去告诉他妈妈说在山谷里有个可恶的小男孩对他说恨他。于是他妈妈就把他带回了山顶，并让他喊："我爱你！我爱你！"这回他听到山谷的回声：我爱你！我爱你！

人生也是如此。首先，你要学会付出，然后，才能有所回报。

爱是伟大的，它让人类从地球上最脆弱的生命变成地球上的主宰。只有成功的事业而缺少爱的人生不会是一个完整的人生，只有把事业和爱结合起来，你的人生才会完美。

所以，学会爱，爱他人，也爱自己，你的人生将因此而变得与众不同。

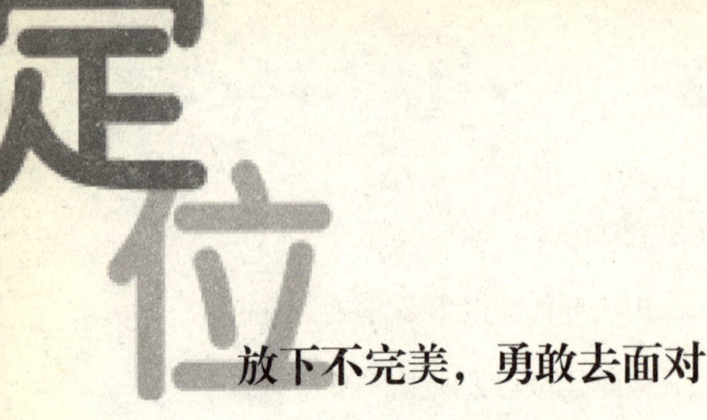

放下不完美，勇敢去面对

失败者失败的原因有很多，但大部分的失败都是由于自己的缺点造成的。缺点会跟随着每一个人，即使是最成功的人也会有缺点，因为世上没有完美的人。所以我们应该正确地对待自己的缺点，只有能接受自己的缺点，并且克服这些缺点，才能获取成功。

苏东坡的《河豚鱼说》讲了这样一个故事：

南方的河里有一条豚鱼，游到一座桥下，撞在桥柱子上。它不怪自己不小心，也不想绕过桥柱，反而生起气来，认为是桥柱撞了自己。它气得张开嘴，竖起颚旁的鳍，胀起肚子，漂在水面上，很长时间一动也不动。从空中飞过的一只老鹰看见它，一把将它抓起，将它的肚子撕裂掏空。这条豚鱼就这样成了老鹰的食物。

这条豚鱼很可笑，但现实中，又有多少人像那条豚鱼一样，犯了错不知检讨自己而去归罪他人呢？

中国传统哲学一向强调自省的重要性，孔子说：“见贤思齐焉，见不贤而内自省也。”这句话的意思是说，看到别人的优点，就要设法使自己也具有同样的优点，看到别人的缺点，就要反思，看自己是否也存在类似的缺点。曾子也曾说过：“吾日三省吾身。”也是同样的道理。

在微软的企业文化中，最为重要的一部分就是提倡自我批评和勇于接受批评的精神。比尔·盖茨的成功是有目共睹的，作为软件产业里的翘楚，比尔·盖茨的谦逊同样令人敬佩。

他当初不善言辞，为了改正这个缺点，每次演讲过后，他总会请他人帮自己指出其中的不足，予以改正。正是这样一种虚心学习、不断自省的态度，将比尔·盖茨从以前那个平庸甚至还有些怯懦的演讲者，变成了一个卓越的演说家。

在工作中，他也很谦逊，及时承认自己的错误。有一次开会时，比尔·盖茨在听完一个人陈述的新思路后非常肯定地说："你这个想法不好，我觉得，应该这样才行。"可他刚刚说完，有一个年轻的技术专员就站起来说："比尔，你错了！"比尔反问："我错了？可实际上就是这么回事呀！"技术专员的态度非常坚定："比尔，你的确错了。请让我告诉你错在哪里。"等这个年轻人把问题的来龙去脉说完之后，比尔·盖茨坦率地承认了自己的错误，他说："是的，是的，我明白了！你是正确的，我的想法是错误的。现在，我们继续讨论这个新的思路吧！"

我们只有勇于承认自己的错误，才有机会改正。错误是可以放大的，千里之堤，溃于蚁穴，如果我们不正视错误，它就会慢慢放大，最后将我们吞噬。

一个人，只有学会正确地看待自己，才能学会成长。回避错误只能让事情更糟。犯错并不可怕，可怕的是明明知道自己错了，却死不悔改。往往，让我们疲惫的不是远方的征途，而是我们鞋里的沙子。我们只有及时清除掉那些沙粒，才能一步步走向成功。

困难与挫折，需要你去挑战

没有不掀风浪的大海，也不存在没有波折的人生。面对困难，你的态度如何？大多数时候，我们不是被困难击败，而是被自己的恐惧所俘获，如果你的心中少了“害怕”两字，那么许多事情或许会好办很多。

有一种鱼，叫仙胎鱼。仙胎鱼在水中游动异常灵敏，再加上身体透明，在水中极难辨认，外行人想捕到仙胎鱼，简直像摘星星般困难。

然而，反应灵敏的仙胎鱼，却被内行的渔民大量捕捉。

渔民捕捉仙胎鱼的方法很简单，只要两个人各划一只木筏，在河中央相对拉开距离，再用一根粗麻绳贴着水面在两只木筏中间，然后两人同时划着木筏，缓缓往崖上靠。而在岸上等着的渔民一见木筏快靠岸了，便纷纷拿起鱼网，到岸边就能轻易地捞起仙胎鱼。

为什么只用一根贴在水面上的绳子就能把鱼赶到岸边呢？

原来仙胎鱼有一个致命的弱点：只要一有影子投射到水中，它们是宁死也不敢靠近的。水中一根绳子的阴影，竟把仙胎鱼赶进了死胡同。

有时，人生也会遭遇到生活的阴影，但如果像仙胎鱼那样，一见到阴影就胆怯、退缩，那么一抹小小的阴影，也会堵死人生的一切出路。

巴乌斯住在里加海滨一幢暖和的小房子里。

房子靠近海边，白天，可以看见阳光在波涛上跳跃，海鸥在天上飞翔；晚上，可以听到海风的呼啸和波浪拍打岩石的声音。

向西，在维特斯比尔斯方向，有一个小小的渔村。这是一个很普通的村落：迎风晒着渔网，到处是低矮的小屋，烟囱里冒出的袅袅炊烟，沙滩上横放着拖上岸的黑色机船，还有生着卷毛的不太咬人的狗。

在这个村子里，拉脱维亚的渔民住了几百年，一代一代地繁衍生息。

还是像几百年前一样，渔民们出海打渔；也是像几百年前一样，不是所有的人都能平安返回，特别是在波罗的海的风暴怒吼、波涛翻滚的秋天的时候。

但不管情况如何，不管多少次，当人们听到自己伙伴的死讯而不得已地从头上摘下帽子时，他们仍然在继续着自己的事业——父兄留下来的危险而繁重的事业。因为他们懂得向海洋屈服是不行的。

在渔村旁边，迎海矗立着一块巨大的花岗岩。还是在很早以前，渔民在石上刻了这样一段题词：纪念在海上已死和将死的人们。这条题词从很远的地方就能看到。

当巴乌斯得知这条题词时，感到异常悲伤。但是，一位拉脱维亚作家在对他讲述这条题词时，却不以为然地摇摇头说："恰恰相反，这是一条很勇敢的题词，它表明，人们永远也不会服输，不论在什么样的情况下都要继续自己的事业。如果让我给一本描写人类劳动和顽强的书题词的话，我就要把这段话录上。但我的题词大致是这样的：纪念曾经征服和将要征服海洋的人们。”

这就是生活，你不怕困难，总有一天它会怕你。

人的一生总会遇到许多困难与挫折，关键在于我们如何去看待这些困难与挫折。是选择战胜还是逃避，当然，如果我们在困难与挫折面前失去了战胜它们的勇气，那么我们就会从此一蹶不振；如果我们选择战胜这些困难与挫折，我们将有机会获取成功。

做命运的主人

我们应该做命运的主人，而不应由命运来摆布自己。西方哲学家蓝姆·达斯曾讲过一个真实的故事。一个因病而仅剩下数周生命的妇人，一直将所有的精力都用来思考和谈论死亡有多恐怖。

以安慰垂死之人著称的蓝姆·达斯当时便直截了当地对她说："你是不是可以不要花那么多时间去想死，而用这些时间来活呢？"

他刚对她这么说时，那妇人觉得非常不快。但当她看出蓝姆·达斯眼中的真诚时，便慢慢地领悟到他话中的诚意。

"说得对！"她说，"我一直忙着想死，完全忘了该怎么活了。"

一个星期之后，那位妇人还是过世了。她在临死前充满感激地对蓝姆·达斯说："过去一个星期，我活得要比前一阵子丰富多了。"

另一位朋友，因为幼年时患了一场大病，命虽保住了，但下肢却瘫痪了。他的父亲是邮局干部，父亲在他中学毕业后设法在邮局给他安排了一份可以坐着不动的工作，工资及各种福利待遇都与常人无差别。在这个岗位上，他干了3年。按说，一个重残的人，能有一份这样安稳有保障的工作，应该感到十分满足了。他的许多身体健康的同学，都还在为谋一份职业而四处奔波求人呢。但他却辞职了，因为他在人们的眼光中，不但看到了同情，更看到了怜悯，还有不屑。他的自尊心在这种目光中一次次被刺伤，所以纵是父亲的耳光和母亲的哭求都没能阻止他。

辞职后他先是开了一间小书店，但不到半年便因城市改造房屋拆迁而不得不关门。之后，他又与人合办了一家小印刷厂，也仅仅维持了一年多，便因合伙人背信弃义而倒闭。两次经商，都没成功，而且还债台高筑，这时他的父母和朋友们又来劝他说：“你一个残疾人，就别胡折腾了，多少好手好脚的人都碰得头破血流呢，何况你！”父亲劝他趁自己还在领导岗位上，让他还是老老实实回邮局上班算了。但他还是没有回头，又选择了开饭店。这次他吸取前两次的教训，一年下来，小饭店竟赢利两万多元，于是他又开了两家连锁店。10年之后，他的连锁饭店不但在他居住的城市生根开花，而且还不断在周边的大小城市一间间开张。他自然也就成了事业成功的老板，且娶了一位漂亮能干的姑娘。当有人问他成功的经验时，他说了很多，但他说最重要的，就是千万不要同情自己。别人同情你不要紧，若自己同情自己，就会成为懦夫，而没有勇气去奋斗，一辈子只能在别人的同情中生活。

当我们在面对生命中不可避免的病痛、损失、挫败的时候，常常会因为不断地专注在病痛、折磨、惧怕的本身，而使得日子更加难过，甚至许多人因此觉得“活不下去了”，而走上轻生的不归路。没有人喜欢面对人生痛苦的部分，但只有那些明白自己的思想动力，愿意并成功自我掌控的人，才能够避免将现有的痛苦不断放大，才能具备较佳的应对能力。

在现实生活中，不单是身有残疾和病痛的人，就是健康的人，在遭遇挫折和失败的打击时，也会生出悲观失望、自怜自卑的心情来。在这种情绪的笼罩下，人往往不是寄希望于他人的援助，要不就一蹶不振，失去重新尝试的勇气。其实，不同情自己，对自己进行鞭策和批判，反省和检讨失败的原因，才会走出懦弱心理的陷阱。

当你遭受损失、挫折的时候，不要把焦点放在你无法挽回的部分，而要把焦点放在“生活里还有哪些值得感谢”、“自己还能做些什么”的部分。当自己的情绪呈现负面或消极的时候，要确保自己的意念完全投注在解决办法上，学着即使在与不幸共存的时刻，还能够积极向上、活在此刻。即使面对再艰难的情况，我们都要保持内心的宁静。这样，在苦难突然降临的时候，我们能沉着冷静地应付，从而主宰自己的命运。

其实，生活中的每一个人，都承担各自的社会责任，都存在不同程度的心理问题。随着社会的不断变革，人们的情感、思维方式、知识结构、人际关系在发生变化，引发心理问题的因素也是多种多样的。据专家介绍，由于现代人生活方式的改变，生活节奏的加快，一些人的盲目行为增多，加之过分追求短期效益，因而失败的概率较高，内心失去平衡，容易产生心理问题。心理专家认为：一个人的心态常常直接影响他的人生观、价值观，直接影响到他的某个具体行为。因而从某种意义上讲，心理卫生显得更为重要。

从理论上讲，一般的心理问题都可以自我调节，每个人都可以用多种形式自我放松，缓和自身的心理压力和排解心理障碍。面对“心病”，关键是你如何去认识它，并以正确的心态去对待它。虽然我们找心理医生看病还不能像看感冒发烧那样方便，但提高自己的心理素质，学会心理自我调节，学会心理适应，学会自助，每个人都可以在心理疾病发展的某些阶段成为自己的“心理医生”。

首先是掌握一定的心理卫生科学知识，正确认识心理问题出现的原因；其次是能够冷静清醒地分析问题的因果关系，特别是主观原因的欠缺，找到对己对人都负责任的相应措施；最后是恰当地评价自我调节的能力，选择适当的就医方式和时机。

现代社会要求人们心理健康、人格健全，不仅要拥有良好的智商，还要有良好的情商。在出现心理问题时，人们开始引起重视并寻求咨询和医疗，这是社会文明进步和人们文化素质提高的一种表现。据专家介绍，生活条件越好，文化层次越高，人们对心理健康的需求也就越迫切。随着科学文化知识的普及和心理健康服务的完善，解决“心病”会有更多更好的渠道和办法。

杜绝侥幸心理

早已是世界超级大富豪的比尔·盖茨，不但没有因富贵而懈怠工作，反而比别人更加用心于工作。为了达到“让每张书桌上都有电脑，每个家庭都有电脑，而且每台电脑都用微软产品”的目标，他一天只休息五六个小时，而且工作时要面对三台电脑。其实，不只是比尔·盖茨，那些凡是卓有成就的人，在对待工作的态度上都有着惊人的相似之处，即以百分之百的认真态度去对待工作，从未有过投机取巧的想法，也决不允许自己耍小聪明。正是因为他们这种杜绝侥幸心理的态度，使他们取得了别人望尘莫及的成就。

所谓“大巧不工”，在商场上，每个人都在为着各自的利益而争取和奋斗着。也正是因为如此，谁都不比谁傻多少，那些怀着侥幸心理的人，或许能瞒得了一时，但绝不会长久；或许能瞒得住一个人，但决不能瞒住所有人，且一旦被识破，结果也就不言而喻了。因此，为了自己长久和更好地发展，首先就要杜绝抱侥幸的心理。事实也证明，这反而是一种极为聪明的做法。

在一个小山村里，住着一位母亲和她的两个女儿。母女三人相依为命，日子虽过得简朴而平静，却也其乐融融。可是一天，母亲突然得了重病，这个沉重的打击，使原本就不景气的家庭经济状况更加恶化了。实在没有办法，大女儿决定出去碰碰运气，找一份工作贴补家计。

离她家不远的地方有一片很大的森林，听说里面充满着幸运。于是，大女儿向那片森林走去。可是在森林里没走多长时间，她便迷路了，就在她惊慌失措、饥寒交迫的时候，一间小屋赫然出现在她的面前。

刚走进那间小屋，她简直不敢相信自己看到的场景：桌子上杯盘狼藉，满地的灰尘。大女儿素来喜欢干净，于是当她身上暖和过来之后，便开始整理房间。她洗了盘子，把桌子擦得干干净净，还擦了地。

就在她把一切都收拾干净之后，屋外响起了脚步声，接着门被推开，进来9个小矮人。当他们看到屋里焕然一新时，感到非常惊讶。这时大女儿走过去，对他们说，因为妈妈生了病，她不得不出来找工作，本想进来歇歇脚，可看到屋子里很脏，就整理了一下。

小矮人们对大女儿表示了感激，并对她说，他们本来有一个仙女保姆的，可最近去度假了，房子才变得又脏又乱。如果大女儿愿意的话，他们可以临时雇佣她。

大女儿听后，高兴极了，马上表示愿意。

就这样，大女儿找到了工作。

第二天，当9个小矮人起床后，大女儿已经做好了早餐，并打扫干净了屋子。小矮人们很高兴，吃完早餐就出去了。大女儿把他们用过的餐具清洗一遍，擦了地板，然后着手准备晚餐。对于这份来之不易的工作，大女儿很珍惜，干起活儿来也很认真，手脚也勤快。

第三天，大女儿还是早早地起来做早餐，收拾屋子，清洗餐具，准备晚餐。第四天仍旧如此，第五天还是照样去干。

第六天，正当她要去厨房准备晚餐的时候，透过窗子看到了外面美丽的森林风景。“真美啊，来到这里这么多天了，我还从来没有出去好好看看外面的景色呢，现在正是时候。”这样想着，大女儿便向外面走去。

外面的风景果然美丽，花香扑鼻，绿草茵茵，布谷鸟在枝头鸣叫，不时有松鼠从一棵树上跳到另一棵树上去。等到太阳快落山的时候，大女儿才突然想起来屋子还没打扫，晚餐还没准备呢。于是，她急急忙忙地跑了回去，整理床铺、洗盘子、做晚饭，就在她以为一切都已就绪的时候，突然想起来还没有打扫地毯和地毯下面的灰尘呢！可是小矮人们很快就要回来了，怎么办呢？她突然灵机一动，决定不打扫地毯下面的灰尘了。她想：没有人会发现地毯下面有灰尘的，不打扫也无所谓。

果然如她所料，小矮人们回来后，并没有发现什么，更不知道地毯下面的灰尘没有打扫。

第七天，大女儿又跑出去玩，而且还是很晚才回来，又没有打扫地毯下的灰尘。她对自己说：“以后我每周打扫一次地板下的灰尘就可以了。”

就这样，又过了5天，小矮人们依旧没发现什么。他们回来之后，用过晚餐，便聚在一起打扑克。玩了几把之后，一个小矮人发现自己少了一张牌，于是他开始四处寻找，却没有找到。这时，另一个小矮人开玩笑地说：“大概是那张牌钻到地毯下面去了，要不然怎么找不到呢！”

他的话刚说完，居然有个小矮人相信了他的话，伸手就掀起了地毯，谁知，那张牌并没有看见，却看见了满地的灰尘。

最后的结局是，幸运之神不再眷顾大女儿，矮人们很生气地辞掉了她，她不得不离开森林，去寻找下一份工作。

你以一种什么样的态度来对待工作，工作就会用什么样的成绩来回报你。虽然人们都明白这个道理，可还是有很多人像大女儿那样，以为一时的偷奸耍滑并不会带来什么影响，可是他们却忽略了这样一个问题，有第一次就有第二次，而一旦偷奸耍滑的行为成为一种习惯的时候，不要说终究会有被人揭穿老底的一天，对自身的影响也是巨大的。就像那些惯盗被绳之以法的时候，总会对自己的第一次行窃懊悔万分，说如果当初能忍住不伸手的话，也就不会走到今天这一步。

世界上的许多事情尽管原因各不相同，但结果是相同的，为了不让同样的遗憾发生在自己身上，请表里如一、一丝不苟地去对待自己的工作，杜绝侥幸的心理。成功是实实在在的，容不得半点虚假和水分，工作也是如此。

态度决定高度

积极的心态，是成功的催化剂。它能使一个懦夫成为英雄，由柔弱变得坚强；它能使人性变得温暖活泼、富有弹性；它能使人充满进取精神，充满冲劲和抱负。

20世纪30年代，英国一个不出名的小镇里，有一个叫玛格丽特的小姑娘，自小就受到严格的家庭教育。父亲经常向她灌输这样的观点：无论做什么事情都要力争一流，永远做在别人前头，而不能落后于人。“即使是坐公共汽车，你也要永远坐在前排。”父亲从来不允许她说“我不能”或者“太难了”之类的话。

对年幼的孩子来说，他的要求可能太高了，但他的教育在以后的年代里被证明是非常宝贵的。正是因为从小就受到父亲“残酷”的教育，玛格丽特有着积极向上的决心和信心。在以后的学习、生活和工作中，她时时牢记父亲的教导，总是抱着一往无前的精神和必胜的信念，尽自己最大努力克服一切困难，做好每一件事情，事事必争一流，以自己的行动实践着“永远坐在前排”的信念。

玛格丽特上大学时，学校要求学5年的拉丁文课程。她凭着自己顽强的毅力和拼搏精神，硬是在1年内全部学完了。令人难以置信的是，她的考试成绩竟然还名列前茅。

其实，玛格丽特不光是学业上出类拔萃，她在体育、音乐、演讲及学校的其他活动方面也都一直走在前列，是学生中凤毛麟角的佼佼者之一。当年她所在学校的校长评价她说："她无疑是我们建校以来最优秀的学生，她总是雄心勃勃，每件事情都做得很出色。"

正因为如此，40多年以后，英国乃至整个欧洲政坛上才出现了一颗耀眼的明星，她就是连续4年当选保守党领袖，并于1979年成为英国第一位女首相，雄踞政坛长达11年之久、被世界政坛誉为"铁娘子"的玛格丽特·撒切尔夫人。

"永远都要坐前排"是一种积极的人生态度，激发你一往无前的勇气和争创一流的精神。严格要求自己，无论做什么事情都给自己一个较高的目标，这样会激发出你更多的潜能，使你最终出类拔萃，成为一个不平凡的人。一位哲人说过：无论做什么事情，你的态度决定你的高度。撒切尔夫人的父亲对孩子的教育给了我们深刻的启示。

所以说，任何一个具有积极心态的人面对着一个严重的个人问题时，自我激励的语气就会从下意识心理闪现到有意识心理去帮助他。在紧急情况下，特别是在当死亡的大门即将开启的时候，这种心态就体现出来了。

午夜1点30分。在医院的一间病房里，两位女护士正紧张地工作着——每人各抓住乔伊的一只手腕，力图摸到脉搏的跳动。因为乔伊在整整6个小时里都未能脱离昏迷状态。医生已经做了所能做的一切事情，然后离开了这个病房，给其他病人看病去了。

乔伊不能动弹、谈话或抚摸任何东西。然而，他能听到护士们的声音。在昏迷时期的某些时间里，他能相当清楚地思考。他听到一位护士激动地说："他停止呼吸了！你能摸到脉搏的跳动吗？"

回答是：“没有。”

他一再听到如下的问题和回答：

“现在你能摸到脉搏的跳动吗？”

“没有。”

“我很好，”他想，“但我必须告诉他们。无论如何我必须告诉他们。”

同时他对护士们这样近于愚蠢的关切又觉得很有趣。他不断地想：“我的身体良好，并非即将死亡。但是，我怎么能告诉她们这一点呢？”

于是他记起了他所学过的自我激励的语气：如果你相信你能够做这件事，你就能完成它。他试图睁开眼睛，但失败了。他的眼睑不肯听他的命令。事实上，他什么也感觉不到。然而他仍努力地睁开双眼，直到最后他听到这句话：“我看见一只眼睛在动——他仍然活着！”

“我并不感觉到害怕，”乔伊后来说，“我仍然认为那是多么有趣啊！一位护士不停地向我叫道：‘魏卜纳先生，你在那里吗？……’对这个问题我要以闪动我的眼睑来作答，告诉她们我很好，我仍然在世。”

这种情况持续了一段相当长的时间，直到乔伊通过不断的努力睁开了一只眼睛，接着又睁开另一只眼睛。恰好这时候，医生回来了。医生、护士们精湛的技术，和乔伊自己坚强的毅力，使他起死回生了。

由此可见，人的生活并非只是一种无奈，而是可以由自身主观努力去把握和调控的，人生的方向是由“态度”来决定的，其好坏足以确定我们人生的优劣。

莫陷入自卑的泥沼

我们每个人多多少少都会有自卑的情绪，这是一个人的天性。因为人无完人，每个人身上都会有一些缺点，一些缺陷，而这些不完美也就构成了我们自卑的根源。

自卑是一种消极的心理，对我们自身的发展具有很大的危害性。因为它会让我们怀疑自己、否定自己，甚至抛弃自己，哪怕你有天大的本事也难以施展出来。

自卑，就是给自己的心灵设限。人的潜能是无限的，而如果我们将自身的能量全部释放出来，那么所有的困难都会被我们踩在脚下。在这个世界上，能够有能力困住我们的只有人类自己，因为我们常常无法走出心灵的囚笼，就像一只美洲狮。美洲狮是世界上最有攻击力的动物，但是它们却非常害怕犬的叫声。有人认为这可能是在它们的进化过程中受到过类似的动物的袭击，所以造成心理上的害怕。我们人类也是如此，甚至比美洲狮还要强大，因为美洲狮还有人类可惧怕，而我们呢？能让我们惧怕的也只有内心的那种恐惧吧！

当然，有些自卑也未尝不是一件好事，因为它可以让我们发现自身的不足，让我们更加脚踏实地。在这种情况下它是有利于我们自身发展的。但是，如果一个人让自卑在心中占了统治地位，那就是有害了。就像海洛因，用得恰到好处可以治病，过量则会害人。

对于生活中的强者来说，自卑不但不会成为他们自身发展的障碍，还会成为他们前进路上的一种动力。维克多·格林尼亚是法国著名的化学家，他曾在1912年获得了诺贝尔化学奖。但他年轻时却曾深深地陷入自卑中，但也正是他的自卑成就了他以后的辉煌。

自卑是人类的一种感情，是没有办法消除的，我们应该学会控制它，把它限定在一定的范围之内，不要让它统治了我们的人生。那么，我们该如何控制这种情绪呢？

首先，要从思想上肯定自己。要知道，在这个世界上没有人是完美无缺的，没有必要对自己的一些缺陷斤斤计较。当然，这并非让我们对缺点视而不见，不思进取，而是让我们以一颗理智的心去对待。有些缺陷是我们无法改变的，比如身体的残疾、自身的容貌、先天的缺陷等，对这些，我们要坦然地接受。对那些能够改正或弥补的缺陷，我们也要尽力去弥补，让自己一步步接近完美。

其次，培养自信。信心是治疗自卑的一剂良药。一个具有强烈自信心的人永远不会看轻自己。他们或许会有一些失落，却不会让不良思想成为生活的主色彩。他们在困境中有更好的生存能力，挫折不但不会将他们击垮，反而会激起他们内心的斗志，让他们变得更加坚强，更加勇敢。

再次，多结交一些朋友。自卑的人一般也往往容易自闭，将自己封闭起来，这样不但对自我发展造成障碍，也会对身心健康造成伤害。有时只要我们将不良情绪发泄出来，它们就不会对我们造成伤害，而朋友会是我们最好的倾诉对象。另外，朋友还会给我们一些安慰，或者一些解决的办法，让我们能够更好地处理问题。只要能够成为朋友，肯定就会有彼此相互欣赏的地方，而这些又会通过交谈、举止等信息传递出来，然后被我们捕捉，这些肯定的信息又会大大增强我们的自信心。

最后，经常参加一些体育锻炼。一个身体好的人，对疾病的抵抗能力就会增强；而一个思想坚强的人，对自卑的防御作用也就更强。凡是那些意志坚强的人，一般都喜欢从事一些冒险类的体育运动，恶劣的环境不但不能将他们击垮，反而会激发出他们的斗志。身体好的人与身体弱的人对周围环境的承受力也不同，身体健康的人，他的抗压力也就越强，在困难面前也就更加不容易失去信心。

只要我们稍加注意，是可以将这种不良情绪消除的。其实，只要我们不看轻自己，没有任何人可以将我们击倒。只要不让自卑在我们的内心扎根，那么我们的心灵世界里将永远都会是一片阳光。

第五章 DI WU ZHANG

选择比努力更重要

很多人把自己的不幸和挫折归咎于命运，认为这是上天对自己的不公。但却忘了，当初做出选择的是我们，而不是上天。所谓的命运，也只是我们一次次选择后的结果。

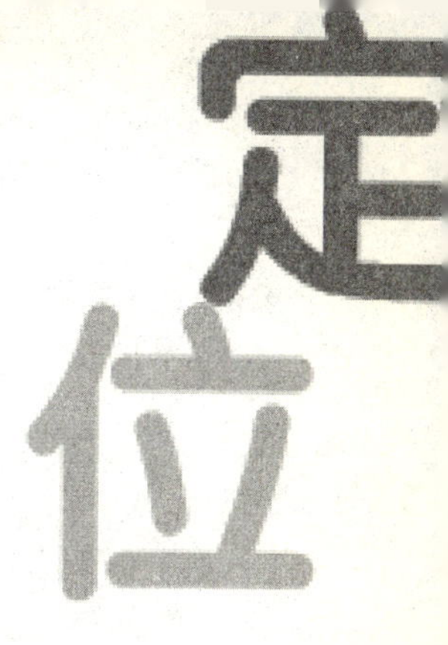

选择比努力更重要

任何人都有选择的权利，关键在于你如何选择。生活当中的成功与失败并不在于做事的方法，而在于你所做出的选择，只有你选择了正确的方向并坚持下去才会有所收获。

在人生的航程中，你必须有这样的抉择：你是任凭别人摆布还是坚定地自强；是总要别人推着你走，还是驾驭自己的命运，控制自己的情感。

许多人的生活就像秋风卷起的落叶，漫无目的地飘落，最后落在某处，以至干枯、腐烂。

每个人都会经常面临选择，这就好比生老病死构成了人的根本处境和命运一样。政治因素、社会因素、经济因素、心理因素、伦理道德因素、法律因素，还有文化的、哲学的因素……全都纠结、交错在一起，共同参与、决定了一个重大的选择点。一个重大的选择，无一例外都是上述诸因素的“合力”结果。一次选择即是一个人的人生价值观念的一次大暴露，不仅是意识层的暴露，更是潜意识层的暴露。因为潜在动力更具有决定作用。

人的本质是在所选择、追求的对象上面充分显示出来的。你选择什么、追求什么，你的本质就是什么。也就是说，只要人在追求，他就在选择。

我们的人生是自己选择的，选择伴随着我们的一生，也决定了我们一生的成败和优劣。在今后的日子里我们过着怎样的生活，完全取决于自己的选择与决定。生活中的那些失败者，他们大部分的失败并不是因为他们做事的方法不对，而是因为他们所做出的决定不正确。

成功是一种选择，选择仿佛是我们的身影，仿佛是竖立在我们人生曲折道路上的一块块路标。有的路标严峻地出现在何去何从、前途未卜的十字路口上，这是人生决定性的时刻。

这样的时刻需要决定性的、不可回避的、勇敢的选择。决定性的选择需要决定性的果断和勇气。这果断和勇气，有猜测和赌博的成分，但更多的是来自知识和智慧的判断，来自一个人性格的力量。从这种意义上我们能够说，一个人的性格即一个人的命运。你选择了奋斗和坚持就是选择了成功，而不做这个选择便是选择失败，所以失败也是一种选择。

人生不过是一连串的选择的过程，一个一个的选择，构成了我们今后的人生。为什么有的人穷困潦倒，有的人却功成名就？有的人在失败面前丧失了斗志，而有的人却从失败中站起，最终实现人生的辉煌？是运气、机遇，还是命运？

真正主宰我们的不是我们所遇到的事情，而是我们当时所做出的决定。

布朗是美国一位最成功的电影制片人，但他先后被三家公司革职，才体会到大机构的生活对他不合适。布朗开始仔细检讨自己的工作态度。他在大机构做事一向敢言、肯冒险，喜欢凭直觉做事，这些都是当老板的作风。他痛恨以委员会的形式统筹管理，也不喜欢企业心态。分析了失败的原因后，布朗自立门户，摄制《大白鲨》《裁决》《天茧》等影片。布朗并不是一位失败的公司行政人员，他天生是个企业家，过去只是做错了选择而已。

所以说，选择决定成败。有什么样的选择，就有什么样的人生。面对困难，你可以选择放弃，也可以选择坚持；面对成功，你可以选择喜悦，也可以选择平静。我们没有能力去改变现实，但至少我们可以选择面对现实的心境。我们没有办法控制他人，但至少能掌握自己思想的方向。

在我们的一生中，没有必要去抱怨别人，毕竟抱怨别人不会改变任何现状，只会让我们沉浸在痛苦之中。航船总会遇到风浪，人生也是如此，面对困难，我们应该学会勇敢地面对。

人生中没有能不能，只有要不要。只要你一定要，你就一定能。面临失败时，该怎么做，取决于你的一念之间。

不同的两种心态，造就了不同的两种人生。我们的生活并非全部由生命所发生的事情来决定，而是由你自己面对生命的态度，以及对待事情的态度来决定。态度决定我们人生的成功与失败。

在我们前进的道路上，虽然我们无法改变环境，但却可以改变我们的心境，改变我们的态度。所以，一个人具有怎样的人生态度或者选择怎样的态度，就会得到怎样的人生。所以，谨慎对待你的选择，因为选择决定我们的人生。

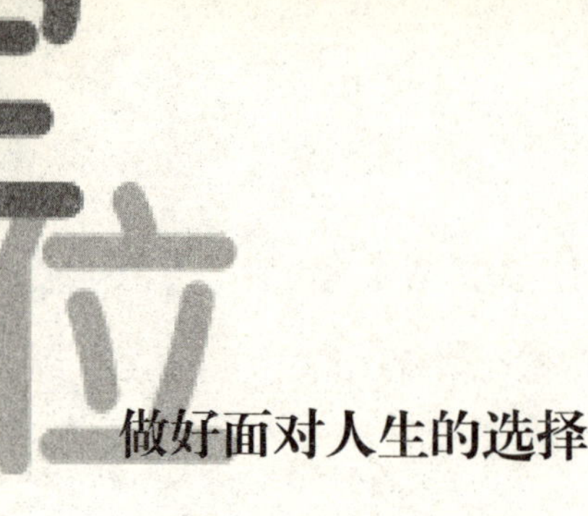

做好面对人生的选择

我们能不能找那么一天，一个人静静地想一想，如果我们自己就是生活的主人，我们会选择什么样的学校，学会什么样的专业，结交什么样的朋友，穿什么样的衣服……人生就是选择。如果你仅仅只是想轻松自在地享受每一天，为什么不这样做呢？做自己的主人，选择如何面对人生。

也就是说，每个人都有选择的权利，正确运用选择权的前提是：首先确定选择的根据和标准，以此作为你进行选择的准绳。每当你运用选择权进行选择的时候，都要用这个标准作为尺子来衡量一下，看看它是否符合你选择的准绳。

比如一个人手中拿着一本自己很感兴趣的书站在墙根，一只脚踏地，一只脚向后蹬在墙上，可以连续几个小时保持这一姿态，并且不感觉乏累，相反还其乐融融。假设同一个人，只是手中没有了那本令他感兴趣的书，再让他以相同的姿态站在墙脚下，过不了几分钟他便会感到腰酸腿痛，坚持不住了。工作与此道理相同。所以，一个人在运用自己的选择权选择其职场位置时，一定要以自己的天赋所在为依据，以自己的喜好为准绳，以自己的兴趣为尺度。只有这样你才不会觉得工作压力越来越大，情绪越来越紧张，没有成就感。相反，你不仅会拥有一份得心应手的工作，还会享受到工作给你带来的美好感受。

我有一位朋友，已经52岁了。他是一家基础稳定的制造公司的执行副总裁。他本身是个工程师，同时也有很杰出的管理才能。可是在他的身上却发生了两件对他很不利的事情：当经济不景气时期来临时，一家跟他们竞争的公司有了新发明，使得他公司的生产线完全停顿了下来。他的公司宣布关闭时，正是就业机会最少的时候，尤其是一个过了50岁的人，更难找工作。最后，情况越来越糟，只要能找到工作，不管什么工作他都愿意接受。他并不气馁，他只希望能够工作。事实上，他必须找个工作。他敲了很多家公司的门。“对不起，现在并没有任何工作机会。把你的姓名留下来吧。”就是如此，一天一天地过去。

最后，有一位人事经理在看过他的人事资料之后，有点犹豫地说：“你有很好的工作经验。我们现在并不缺人，但不久以后，我们将有一个空缺，职位很低，我相信你可能不会有兴趣。你看问题是你的条件太好了。”

“条件太好，没有这回事。我虽然是个工程师，也可以拿起扫把。我将向你证明，我是本地最好的一个打扫工人。”他真的被录取为管理员的助手了，也就是一名打扫工人。但是，他把他的技术，应用在他的打扫工作上。他十分努力，因为把每件工作都在预定的时间之前完成，然后回去要求指派更多的工作。

后来，他成为那家机构的某部门经理。再后来，他成了该公司的总经理。

这就是选择的力量，只要你积极地选择权利，你就会对你的人生做出最正确的选择，并使你的人生充满着辉煌。

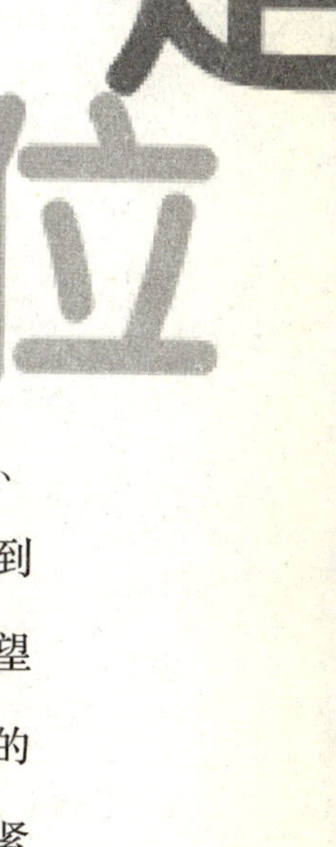

幸福在于选择

幸福，寻找它的人多，得到它的人少。人们常常以为，在金钱、财产和人际交往中能够找到幸福，可是他们却忘了，幸福并不是得到什么，它是心灵在感受到自我实现时所处的状态。一个每天带着期望去生活的人，一个在生活中感到快乐满意的人，可以说，都是幸福的宠儿。幸福是自然的，不幸是因为我们内心所具有的恐惧、焦虑和紧张。多数的人只是在短暂爆发的时刻才感觉到片刻的幸福，然而，事情过去之后，他们又重新回到日常的状态。

那些把自己的喜怒哀乐完全寄托在外物之上的人，幸福的大门并不会向他打开。希望自己幸福吗？我们完全可以自己选择。当然，你可以让外界事物来决定你的幸福，但你也可以凭自己所做的一切而感到幸福。这时候，即使生活中发生了各种不幸，也不会妨碍你去选择幸福。你的生命还在，你的呼吸未停，你还可以看着这本书，从中吸取养料，生活中会有很多让你感到幸福的事。即使其他的暂时你还无法做到，至少，你还拥有把握幸福的能力。

不要活在过去，我们要把握的是今天、明天，我们需要的是未来的幸福。你的态度决定了你的幸福：如果你消极悲观，处处不满，整天唉声叹气，那你永远也进不了幸福的门。

要相信自己配得上幸福，重要的是这种信心，有了信心，也就有了幸福。抛开你从前对生活的那套愤世嫉俗的观点，鼓励自己继续往前，去接受变化，去拥抱原本就属于你的幸福，去做希望和成功的忠实信徒。这一切，需要的只是勇气，而这种勇气就在你心里，唤醒它，抓住它，你就会拥有更美好的生活。

不要自己画地为牢、作茧自缚，要让新鲜的空气进入自己的内心，不要在那肮脏单调的巢穴里坐等生命的流逝。一个对自己所做的事情丝毫不感到乐趣、意义的人，是不可能产生幸福的感觉的。变化，要记住，首先是变化，有了变化就有了幸福的可能；它就是动力，就是轮船，会把你带到想去的地方。

生活不是重复，你今天所做的，完全可以和昨天不同，你永远有用不完的机会。而幸福，首先就意味着寻找机会、把握机会。如果觉得现在的一切并不能带来成就感，并不能让你满意，那么为什么不去改变它呢？去寻找你的目的、你的意义，然后全身心地投入吧！在这点上不必吝惜时间，因为它带给你的将是幸福。逼迫自己去面对变化、接受变化，幸福，就在你的选择中！

世界上最幸福的人，是那些克服了艰难险阻、忍受了长期的煎熬，但始终在斗争、在坚持的人。就我个人所见，最幸福的，也是那些不怕付出、不怕牺牲、敢于尝试、敢于冒险的人。没有经历苦难波折，没有经历生死搏斗，就不可能有幸福。

想一想自己走过的路，自己克服的那些阻碍，在挫折和奋斗中自己得到的教训和经历；想一想，自己最幸福的时刻，难道不正是经过努力坚持，终于攻克重重难关的时刻吗？不正是自己开始还心有怯意，最终却出色地完成了一项任务的时候吗？或者，是自己本来都以为不能坚持，以为苦难不会结束，最终咬咬牙却挺过去的时刻吗？

生活随时随地会遭遇各种挑战。我们越是能够将不利变成机遇，就越有可能过上幸福的生活。你的生活将变成一场没有间歇的盛大庆典，所有机会来临的时刻都是你的节日。没有什么能够约束你思考、行动的自由，没有什么能限制你去发展这些方面的能力。你完全可以享受生活的种种乐趣，你惟一需要的是给自己去接近、去达到、去创造欢乐的机会。

学会放弃，才能成功

根治犹豫不决这一顽症的良药就是当机立断，你必须这样，要么以自己最快的速度做出选择，要么选择放弃。

人生就像一场比赛，你的对手就是时间，一旦你因犹豫不决而空耗时间，你就会被淘汰出局。倘若你面对选择时，能当机立断，就有可能获胜。

汤姆斯在大学里，看起来像一个典型的容易成功的人。他不用费什么精力就能取得优异的成绩。同学们一致推举他为“最可能成功的人”。

成绩优异的汤姆斯在大学毕业择业时，选择空间很大。但使他头疼的是：不知该如何抉择。好不容易才确定了两家规模较大的公司作为候选对象，但这两家公司各有其独特的吸引力。此时汤姆斯便开始犹豫了，不知道选择哪家公司，放弃哪家公司。就在汤姆斯处于既不选择也不放弃的状态时，这两家公司都确定了更合适的人选，汤姆斯与这两家公司都失之交臂了。

后来，汤姆斯凭借其优异的成绩进了纽约一家大型保险公司的销售部，最初干得不错。然而，不久他就停滞不前了。因为他再次面临了毕业时的状况：有一家猎头公司想挖他到另一家大型保险公司的销售部去当经理。汤姆斯不知该留在原公司，还是去另一家公司，他把全部的精力都耗在了是去还是留这一问题上。

人们常说一心不能二用，在这种状态下，汤姆斯自然无法集中精力工作。结果因一次工作失误，他给公司带来了巨大的损失，失去了自己的位置。另外那家公司也没敢聘用他。于是他不得不托关系转到一家小一些的公司。在那里同样的局面又出现了：最初受人欢迎，被当作最容易成功的人，但不久，他又上演了同样一出闹剧，整个人就像一个潮湿的爆竹，没了生气。

他一直纳闷自己为什么没能做得更好。

与此相反，另一位同学兰德尔，成绩没有汤姆斯优秀，但他把做保险看作自己的人生目标。

在一次招聘会上，有一家大型的电器销售公司想出高薪聘用他，同时也有一家人寿保险公司想聘用他，但待遇没有那家大型的电器销售公司好。但兰德尔还是果断地放弃了那家电器公司，选择了人寿保险公司，并一直坚持下来，最后他跻身于全美保险事业中最优秀的销售人员之列。

后来在一次宴会上，汤姆斯跟兰德尔巧遇，大家一起聊天，兰德尔说："在做保险的过程中，我渐渐地了解了那些成功人士，并悟出一些道理，他们并不是比我高明得多的天才，他们也只是平平凡凡的人，只是他们把目标设置得高远一些，然后以终极目标作为最高宗旨，决定取舍问题，并找到了实现目标的方法。我意识到，如果其他的平凡人能够实现他们远大的梦想，那我也能。"

为什么像兰德尔这样的"平凡人"常常会比汤姆斯那种"优秀"的人取得更大的成功呢？汤姆斯与兰德尔最大的差异就是：汤姆斯面

对取舍问题时总不能做出决断；而兰德尔面对取舍问题时总是果断地做出决定——或者选择，或者放弃。

正是由于这种差异导致两人的职场人生大相径庭：兰德尔的前途充满阳光；汤姆斯的前途则黯然失色。

假如汤姆斯在纽约那家公司工作时，能够全身心地投入工作中，或者他放弃自己当时的位置，选择猎头公司为他提供的那家公司，并集中精力踏踏实实地工作，很有可能他比兰德尔所取得的成绩更大。

一个人要想在工作中有所作为，最明智的方法就是选择一份即便薪水不高，也愿意做下去的工作。当你一直热衷于自己所从事的工作时，你就会登上事业的成功之梯，回报自然也会随之而来。

对于那些深受犹豫不决之苦的人来说，惟一改正的办法就是做出果断的决定：要么选择；要么放弃。否则如果你总是打不定主意，渐渐地便养成了办事拖拉懒惰的习惯，对一位想有所作为的人来说，这种恶习最具破坏性，也是最危险的，它将成为摧毁你取得胜利和成就的武器。

命运在于选择，成败需认真对待

现实生活中，我们可以看到很多在大公司工作的职员，他们无一例外地都拥有渊博的知识，接受过专门的职业培训，有一份在外人看来非常体面的工作，拿一份十分丰厚的薪水。但是，他们并不快乐。

之所以不快乐，是因为他们没有按照自己的喜好去选择适合自己的职业，结果入错了行。他们不能从工作中感受到生活的乐趣，相反好像仅仅是为了生存而不得不出来工作，把工作当成了谋生的工具，视工作如紧箍咒。

这些人整天处于紧张的精神状态中，而内心却十分孤独，甚至一片空白，常常生活在抑郁之中。

令人疑惑不解的一个问题是：这些人宁愿生活在痛苦中维持现状，也不愿运用自己的选择权利去重新选择自己喜欢的行业。

这些人之所以维持现状，显然是因为他们从内心里害怕这种选择，或者说他们在自欺欺人地逃避这一事实。因为就他的现状而言，待遇不错，公司也有发展前途，工作又有保障。假如他辞职重新进入新公司，他必然要将自己归零，从头做起。就短期而言，肯定没有他现在薪水高。当然，也许他不在意薪水的高低，而是考虑到假若他辞去现在的工作，他必须得重新打“基础”，与他那些一毕业就参加工作的同学相比较而言，位置的高低落差会使他产生心理失衡感。更为重要的是他担心万一自己参加新工作后，不能有所作为，那么还不如维持现状。

如此进入了一个恶性循环的怪圈，即使对现在所从事的工作不满，但也由于顾虑重重，害怕选择，不敢动用自己的选择权。那他只能维持现状，整日生活在郁郁寡欢的状态之中……

杰里是个不同寻常的人。他的心情总是很好，而且对事物总是有正面的看法。当有人问他近况如何时，他总会回答："我快乐无比。"他是个饭店经理，却是个独特的经理。因为他换过几个饭店，而有几个饭店的侍应生都跟着他跳槽。他天生就是个鼓舞者。如果哪个雇员心情不好，杰里就会告诉他怎么去看清事物的正面。这样的生活态度实在让人好奇，有人问杰里："这很难办到，一个人不可能总是看清事情的光明面。你是怎么做到的？"

杰里答道："每次有坏事发生时，我可以选择成为一个受害者，也可以选择从中学些东西。我选择从中学习。每次有人跑到我面前诉苦或抱怨，我可以选择接受他们的抱怨，也可以选择指出事情的正面。我选择后者。人生就是一种选择，当你把无聊的东西都废除后，每一种处境就是面临一个选择，你选择如何去面对各种处境，你选择别人的态度如何影响你的情绪，你选择心情舒畅还是糟糕透顶。归根结底：你自己选择如何面对人生。"

几年后，杰里做了一件饭店人员永远也不会做的事：有一天早上，他忘记了关后门，被三个持枪的强盗拦住了。强盗因为紧张而受了惊吓，对他开了枪。幸运的是，事情发现较早，杰里被送进了急诊室。经过18个小时的抢救和几个星期的精心治疗，杰里出院了，只是仍有小部分弹片留在身体里面。人们问他当强盗来时，他想些什么。“第一件在我脑海中浮现的是，我应该关后门。”杰里答道，“当我躺在地上时，我对自己说有两个选择：一是死，一是活。我选择了活。”“你不害怕吗？你有没有失去知觉？”有人问道。杰里继续说：“医护人员都很好。他们不断告诉我，我会好的。但在他们把我推进急诊室后，我看到他们脸上的表情，从他们的眼中，我读到了‘他是个死人’。我知道我需要采取一些行动了。”“你采取了什么？”“护士都停下来等着我说下去。我深深地吸了一口气，然后大声吼道：‘子弹！’在一片大笑声中，我又说道：‘我选择活下来，请把我当活人来医，而不是死人。’”

杰里活了下来，一方面要感谢医术高明的医生，另一方面得感谢他那惊人的生活态度。

如果一个人毫无原则性滥用自己的选择权，例如在工作中频繁地跳槽，最终也将会受到严厉的惩罚。因为频繁的跳槽，使人对工作不能专一，使自己的事业没有成就感，随着时间的推移，发现自己不过是绕着原地跑了一圈，醒悟时，许多机会都被自己扼杀。其实，不管什么事情都有个度，就像在拉弹簧秤一样，如果你不用力，不知道这东西几斤几两；如果你用力过猛，弹簧秤不能复位，就成了一件废物。

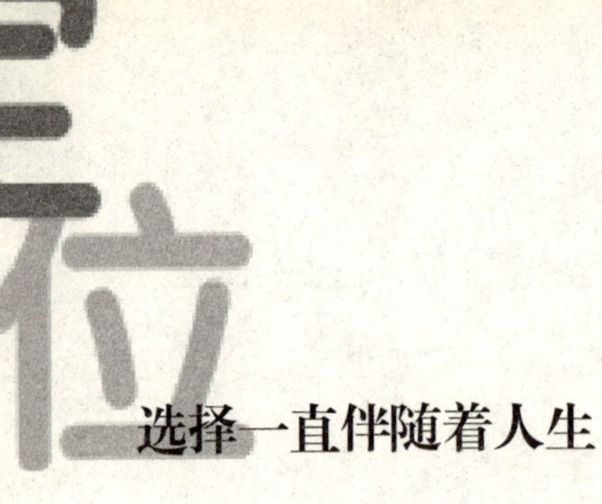

选择一直伴随着人生

人人都会面临各种各样的危机，如信仰危机、感情危机等等。在痛苦和烦闷中，正确的选择和变动，会使我们积聚起一种新的能量，重新面对这个世界。

在这种危机之中，你只能有一个选择，这如同你不会游泳而被人推到河里一样，除了学会游上岸使自己不至于淹死外而别无生路。只有无路可退时，你的“自我”才会向前迈进，迈向你不熟悉的未知领域，你便成长了、成熟了。

就整体而言，人生是一条奇特的、荒诞的几何曲线：出生的起点是绝对非选择性的，终点对我们每个人至多只有一半的可选择性。其余中间的绝大部分线段便是由一个个大大小小的选择环节所构成。

人与人的差距，更多体现在思想方法，虽然初始时就那么一点点，但日积月累就越拉越大，所以发现差距及时总结，方能迎头赶上。

人要善于观察、学习、思考和总结。仅仅靠一味地苦干奋斗，埋头拉车而不抬头看路，结果常常是原地踏步，明天仍旧重复昨天和今天的故事。

成功的规则未必那么明显，需要很高的悟性与洞察力。面对差距和挑战，及时调整心态，增强自己的独立思考、多谋善断、随机应变的能力。

从这三点我们可以看出，这是一种人生哲学的思维方式。人生哲学研究表明，出身不是很重要。因为它是偶然发生的、非选择性的。人生的真正起点是主动选择。惟有主动选择才能有你的“自我”，有你的“自我表现”机会，你才成为你自己的主体。

贝多芬就公开藐视家庭出身，高度赞美选择。在他看来，公爵之所以成为显赫人物，仅仅是由于出生这一纯属偶然的机会造成的，而贝多芬之所以成为贝多芬，全在于他自己的选择，全在于他自己的坚强意志、奋斗和努力。

在我们一生中，几次关键性的、决定我们一生成败的优劣的选择都集中表现在事业和爱情上。所谓的选择，即命运的选择、事业和爱情的选择。

在我们的一生中，事业的选择并不是一次性的，并不是一锤定音。第一次选择当然最重要。它一般发生在高中毕业的时候。当你既酷爱钢琴又迷恋于物理学，在报考音乐学院和物理系之间做决定性选择的时候，你一定深感痛苦。因为你两样都爱，都想把它们抓住不放，决不甘心放弃其中一样。最好的选择方案可能是读物理系，把钢琴作为业余爱好，成为你终生快乐、安慰的源泉。即使是进入了大学物理系，也会面临着选择。比如在理论物理和应用物理之间进行选择。也许，最富有戏剧性的选择是当你读到三年级的时候，你突然对诗歌和小说创作发生了极大兴趣。这种兴趣竟超越了物理学。这次在文学和物理学之间的选择，需要极大的勇气，因为你要抗击来自外界的强烈舆论和环境的压力。

听从你的内在声音吧！新的选择会使你不断“发现自己”。你看，选择的力量结出了奇异的艺术花朵。我们每个人的人生都会面临很多次选择，好好把握你的人生吧，抓住选择的有利时机，你的生命就会开出美丽的花朵，结出丰硕的果实。

选对了，就不要轻易改变

卡耐基认为：人到了一定年龄，就要做出生命中最重要的一项决定，这项决定将深深地改变人的一生，它决定“你的幸福、你的收入、你的健康”，这项决定“可能造就你，也可能毁灭你”。这个重大决定就是：你如何去谋生？它是关系你未来发展的人生选择。

从人生层面理解，人生选择就是人们在人生流程中，根据一定客观条件，依据一定的目的、情感和意志，对自己人生事业的选择。

人生选择是自我意识觉醒的表现。人生选择是伴随着自我意识的觉醒而提出的。自我意识的觉醒和具备一定的自我选择能力，是人生选择的必要条件。

人生选择的意义表现在：一是人生选择是对自身价值的肯定。人生选择是困难的，甚至是痛苦的，它需要人们鼓足勇气，做命运的强者。人生的主体认真履行自己选择的权利，在事业选择的紧要处，选择一条正确的人生道路，是对自身价值的肯定，也是一个人理想、意志、信念、勇气、知识和才干等方面的综合检验，还是对命运的一种有力挑战。选择的意义也在于此。二是正确的人生选择是创造成功人生的关键。人生选择首先是一种目标选择，是确立个人事业的前进方向。科学人生目的的确立，是正确选择人生的关键，直接决定着每个人一生事业的成败。正确的人生选择只能建立在科学认识自身、社会及其关系的基础上。“适乎世界之潮流，合乎人群之需要”是人生选

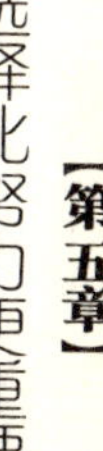

[illegible]

[illegible]

[illegible]

[illegible]

[illegible]

[illegible]

第六章 DI LIU ZHANG

发现潜能让定位更准确

每个人都像一粒深埋在土里的金子一样，在土里发的光，只有它自己看得到。当你把它挖掘出来时，它的光会比在土里更加灿烂。如果你不去把它挖掘出来，那么金子永远也不会发光。

每个人都有无限的潜能

我们每个人的身体就像一座休眠的火山，还有许多的潜能没有被开发出来。只是我们不懂得如何去激发它、运用它，以至于它一直潜伏在我们的身体里，白白浪费了。其实我们原本可以生活得更好些、更轻松些，但是我们却不知道如何对自身的资源善加利用，如果我们将其充分利用起来，它将会成为我们实现人生目标的动力。

一位音乐系的学生走进练习室，他看见钢琴上摆着一份全新的乐谱。

“超高难度……”他翻动着，喃喃自语，感觉自己对弹奏钢琴的信心一下跌到了谷底。已经3个月了，自从跟了这位新的指导教授之后，他不知道，为什么教授要以这种方式整人。

勉强打起精神，他开始用手的十根指头奋战。琴声盖住了练习室外教授走来的脚步声。

指导教授是个极有名的钢琴大师。授课第一天，他给自己的新学生一份乐谱。“试试看吧！”他说。乐谱难度颇高，学生弹得生涩僵滞，错误百出，“还不熟悉，回去好好练习！”教授在下课时，如此叮嘱学生。

学生练习了一个月，第二次上课时正准备让教授验收，没想到教授又给了他一份难度更高的乐谱。“试试看吧！”关于上星期的课，教授提也没提。学生再次全力应对更高难度的技巧挑战。第三个月，更难的乐谱又出现了。学会把它带回练习，接着再回到课堂上，重新面临两倍难度的乐谱，却怎么样都追不上进度，一点也没有因为上周的练习而有驾轻就熟的感觉。学生感到越来越不安、沮丧和气馁。

教授走进练习室。学生再也忍不住了。他必须向钢琴大师提出这3个月来何以不断折磨自己的质疑。

教授没开口，他抽出了最早的第一份乐谱，交给学生：“弹奏吧。”

不可思议的事情发生了，连学生自己也感觉惊讶，他居然可以将这首曲子弹奏得如此美妙，如此精湛！教授又让学生试了第二堂课的乐谱，学生依然呈现出高水准的技巧……演奏结束，学生望着老师，说不出话来。

其实，我们每个人的体内都是有着这样的潜能的，只是我们自己浑然不知，只有在特定的环境下，这种潜能才能被激发出来，而一旦它爆发出来，连我们自己也会感到惊异。

我们的体内不但隐藏着潜能而且这种能量是无限的。所以，我们要尽可能地激发出体内的这种潜能。一般情况下，一个人若处于一个绝望的境地，反而往往会激发出体内的潜能。所以，我们要学会对自己狠一点。笔者本人就有过切身的体验。我是一个人来到北京的，来到北京后，遇到了很多困难，有时候发现自己几乎已经处在绝境中了，所有的一切似乎都已无能为力，但每当紧要关头，我总是能想出办法将其化解，顺利地从中走出来，而且意志变得更加坚韧，心智变得更加成熟。所以每当静下心来，都对以前所面对的那些磨难充满感激。

你也可以做到的，关键是要敢于让自己面临一片深渊！

信念激发潜能

现实社会当中的那些成功者，他们都是从一个小小的信念开始的。因为一个人的信念能够激发你身上还未开发的潜能，让你的能力得到提升。另外，只要你的信念形成了，就会成为伴随你一生的动力，永远让你向前奋进。

一个人做任何事都不是没有原因的，我们做的每一件事都是根据自己的信念，有意或无意地导向快乐或避开痛苦。如果你希望能够彻底改变自己旧有的习惯，那么就需从掌握行为的信念着手。

信念可以激发潜能，也可以毁灭潜能，就看你从哪种角度去认识。

事实上，信念可以算是我们人生的引导力量。当我们人生中发生任何事情时，脑海中便会浮现出一些印象，而这些印象便会指导我们的行为。信念就像指南针，为我们指出人生的方向，决定着我们人生的品质。

丽莎几乎无所不能，她是个活力四射、朝气蓬勃的女性，她会打网球，缝制孩子们所有的衣服，还为一家报纸撰写专栏。

她生性开朗乐观，只要有她在，快乐的气氛就会被点燃；她爱热闹，不停地举办各种各样的宴会，然后找来一大堆的朋友；她热爱生活，会把屋子装扮得别致温馨，更会把自己打扮成一个魅力四射的女人。

可是在她31岁的时候，她的生活发生了变故。

因为生了一个良性脊椎瘤导致她全身瘫痪，被困在医院的病床上，从此以后，她便永远不能恢复以前的样子了。

她曾经抱怨过，也曾经绝望过，但后来，她努力说服自己接受这个现实，勇敢地面对生活。她尽一切努力学习有关残疾人的知识，后来她发起成立了一个名叫残疾社的辅导团体。

由于丽莎乐观地接受了她的处境，她也很少对此再感到悲伤或怨恨。

后来，丽莎毛遂自荐到监狱里去教授写作。只要她一到，囚犯们便围着她，专心聆听她讲的每一个字。

她甚至在不能再去监狱时，仍与囚犯通信，她给一个叫韦蒙的囚犯写过一封信，信的内容是这样的：

亲爱的韦蒙：

自从接到你的信后，我便时常想起你。你提起关在监牢里多么难受，我深为同情。可是你说我不能想象坐牢的滋味，那我觉得你非说错了不可。

监狱是有许多种的，韦蒙。

我31岁时有天醒来，人完全瘫痪了。一想到自己被囚在躯体之内，再也不能在草地上跑或跳舞或抱我的孩子，我便伤心极了。

有好长时间，我躺在那里问自己这种生活值不值得过。我所重视的东西，似乎都已失去了。

可是，后来有一天，我忽然想到我仍有选择自由。看见我的孩子时应该笑还是应该哭？我应该咒骂上帝还是请他加强我的信心？换句话说，我应该怎样运用仍然属于我的自由意志？

我决定尽可能充实地生活，设法超越我身体的缺陷，扩展自己的思想和精神境界。我可以选择为孩子做个好的榜样，也可以在感情上和肉体上枯萎死亡。

自由有很多种，韦蒙。我们失去一种，就要寻找另一种。

你可以看着铁槛，也可以成为年轻囚友做人的榜样；也可以和捣乱分子混在一起；你可以爱上帝，设法认识他，你也可以不理他。

就某种程度上说，韦蒙，我们命运相同。

多么平凡而伟大的一位女性，如果不是信念的指引，她又怎能谱写出如此华美的生命乐章?

一个人拥有绝对的信念是最重要的，只要有信念，力量会自然而生。

在一片茫茫无垠的沙漠上，一支探险队在那里负重跋涉。

阳光剧烈，风沙漫天。口渴的队长从腰间拿出一个水壶说："这里还有一壶水，但穿越沙漠前，谁也不能喝。"

一队只有一壶水。

那水壶从探险队员们的手中依次传递开来，沉甸甸的。一种充满生机的幸福和喜悦在每个队员濒临绝望的脸上弥漫开来。

终于，队员们凭着那壶水带给他们的精神和信念，一步步挣脱了死亡线，顽强地穿越了茫茫沙漠。他们喜极而泣的时候，突然想到了那壶给了他们精神和信念以支撑的水。当他们打开壶盖时，发现流出来的，却是满满一壶的黄沙……

这就是信念的力量!

克服自身弱点，挖掘自身潜能

我们只利用了我们自己资源的很小的一部分，甚至可以说一直在荒废。我们身体里蕴藏着的这些巨大的潜在能量，等待着我们去发现、去认识、去开发。这种能量，一旦引爆出来，将带给你无穷的信心和力量。

金无足赤，人无完人，每个人身上都有自己的弱点，所以大部分的人也都怀着自卑在生活。自卑的人其实都能认识到自己的问题所在，但就是克服不了它，所以整天闷闷不乐，而自身的发展也就受到一些影响。

实际上，任何人都拥有特殊的能力或才能，不管怎样愚笨的人，都有他自己能够做到的事情。但是大多数人却忽略了这一点，而只注意自己的弱点，于是他身上潜在的能力就这样继续沉睡下去。

太过注重自己身上的弱点就会导致自卑，而自卑又会给我们的心灵设限，而心灵上的自我设限，又阻碍了我们才能的充分发挥。

我们每个人身上都有比现在做得更好的能力，只是我们的心灵禁锢了我们的思想。而我们的思想又禁锢了我们的能力。如果我们能够冲破这种界限，正确地对待自己，就能将自身的潜能释放出来。

富兰克林·罗斯福小时候是一个脆弱胆小的男孩，脸上时常会露出惊恐的表情。如果他被喊起来背课文，立即会双腿发抖，嘴唇颤动。

如果是其他的孩子，他肯定就会紧紧抱着自己的缺点，然后把自己深深地隐藏起来，逃开任何人的视线，让自己沉浸在自卑的泥潭里。

但伟人之所以可以成为伟人，就是因为他们比别人更有勇气，他们身上的弱点和缺陷不仅不会将他们打垮，反而可以激发出他们体内的潜能和勇气。

他不把自己当成有缺陷的人，而把自己当成一个正常的人。他看见别的强壮的孩子玩游戏、游泳、骑马、玩耍或进行其他一些激烈的运动，他也去做，他要使自己变成最刻苦耐劳的典范。如此，他也觉得自己勇敢了。当他和别人在一起时，他觉得他喜欢他们，不愿意回避他们。由于他对人感兴趣，自卑的感觉便无从发生。他觉得当他用“快乐”这两个字去对待别人时，就不会有惧怕别人的神情了。

他虽然有些缺陷，但他从不自怜自哀，而相反，他相信自己，他有一种积极、奋发、乐观、进取的心态，这种心态激发了他的奋发精神。

他的缺陷促使他更努力地去奋斗，而不为同伴的嘲笑失去勇气，他喘气的习惯变成一种坚定的嘶声，他用坚强的意志，咬紧自己的牙床使嘴唇不颤动而克服了惧怕的心理。而他正是凭着这种奋斗精神，凭着这种积极心态，而终于成为美国总统的。

他不因自己的缺陷而气馁，他甚至将自己的缺陷变为资本、变为扶梯而爬到成功的巅峰。在他的晚年，已经很少有人知道他曾有严重的缺陷。美国人民都爱戴他，他成为美国最得人心的总统，这种情况是前所未有的。

人人都有脆弱之处，但睿智进取者却能坦诚面对自己的弱点与不足。如果你有弱点，要有勇气去承认它，然后通过各种渠道去战胜它。人类最大的弱点就是自贬，亦即廉价出卖自己。

一件事物太过完美，也就缺少了发展的空间，而一个人若失去了发展的空间，也就没有了存在的意义，所以上帝在造人时在我们每个人的身上都留了一些缺陷。而这些缺陷，就像一道道堤坝，挡住了我们身上暗涌的洪流，使它越聚越多，一旦涌出，便可有千钧之力，所以，缺陷往往可以激发我们体内的潜力。如果密尔顿不是瞎了双眼，可能写不出那么优美的诗篇来；如果贝多芬不是耳聋了，可能谱不出那么伟大的曲子；如果海伦·凯勒没有瞎和聋，可能不会有今天光辉的成就。正如威廉·詹姆斯所说的："我们的缺陷对我们有意外的帮助。"

挪威著名小提琴家布尔有一次在巴黎举行演奏会，一曲未终，一根琴弦突然断了。他不动声色，继续用三根弦演奏完全曲。事实上，这就是人生——只要你对潜能有强烈的信念，就能用其余三根弦演奏完人生。

人的潜意识也是一种潜能

所谓潜意识，是相对于显意识而言的一个心理学概念，指的就是潜藏在我们一般意识下的一股神秘的力量，是不露在表面的大脑认知、思想等心智活动，又被称做右脑意识、宇宙意识、祖先脑。如果将人类的整个意识比喻成一座冰山的话，那么浮出水面的部分就是属于显意识的范围，约占意识的5%，换句话说，95%隐藏在冰山底下的意识则是潜意识。

弗洛伊德说，人每天都会受到不同程度有形或无形的刺激，而人脑对于周边事物的刺激，会产生不同程度的反应。有意识接收是人脑对于周边事物的刺激有知觉地接收信息；无意识接收是人脑对于周边事物的刺激不知不觉地接收，也就是所谓的潜意识。

从功能上讲，潜意识一般具有6个特点：一是具有记忆储蓄功能，可以储存人生所有的认知和思想感情。二是具有整合功能，可以将保存的复杂多样的东西进行重新整合（例如做梦、大脑功能紊乱的“神经病”），以随时应付各种需要，包括上升为显意识为思考服务。三是可以解码，也就是说当我们想回忆一件往事时，我们就给潜意识下了一个指令，于是这方面的潜意识密码很快便会被唤起，并经过意识的翻译而重现出来。四是具有直接支配人的行为的功能，不同经验的潜意识决定不同的行为。五是具有自动解决问题的思维功能，所谓的“灵感”就是潜意识的自动思维功能。六是具有快速习惯反应、形成超感和直觉的功能，这种功能据说使有些印第安土著人能够从马蹄印迹中判断马走了多远。

心理学家认为，潜意识并没有判别或选择的能力，也就是说，你怎么发出讯息，潜意识就怎么接收。科学家们曾做过这样一个试验，他们在一个学校里随机挑选了几名孩子，然后对他们说，经过测试，你们的智力都是超过常人的。过了十几年，科学家们再对当初那些孩子做跟踪调查，结果发现当年那些孩子现在都非常优秀，作出了超过常人的贡献。因为那些孩子从潜意识里告诉自己：我是优秀的，而潜意识便接受了这样的讯息。潜意识喜欢带感情色彩的信息；不识真假，直来直去；它易受图像的刺激；它记忆力差，需要强烈刺激或重复刺激。如果你不断地向大脑发出一种讯息，潜意识就会接收并帮你实现。

潜意识的能量就是这样巨大，远非显意识可比。曾经有一位音乐家，被囚禁多年，四肢不能动弹，他被放了出来之后就被应邀出席一个世界音乐盛会，结果他的钢琴弹得比原来还要高超。于是有人问他："你被关了这么多年，身体不能动弹，为什么几年来第一次弹钢琴，不但没有退步，反而进步了许多呢？"这位钢琴家回答说："在我住监狱的日子里，我的头脑里面每天都有个想象中的钢琴，我虽不能动，可我的思想每天都在弹它。"

有人认为，潜意识内聚集了人类数百万年来的遗传基因层次的信息。它囊括了人类最重要的本能与自主神经系统的功能与宇宙法则，即人类过去得到的所有最好的生存情报，都蕴藏在潜意识里。潜意识

的世界，是超越三度空间的超高度世界。

爱因斯坦把第四度空间定位为“时间和空间合而为一的世界”，这种说法在现实世界固然难以想象，但在潜在的世界则可能存在。每一个人都具有潜意识，只是过去并没有这种认识。

恐惧是发挥潜能的头号敌人

生活中有许多恐惧和担心是由我们内心想象出来的，在很多时候，我们害怕自己没有能力做好一件事，是因为我们没有勇气去尝试，因为我们失去了信心。相反，只要我们拥有良好的心态，那么成功就将是我们的。

如果你以积极的心态去思想和行动，并且相信成功是你的权利的话，你的信心就会使达你成所有你所制定的明确目标。但是如果你接受了消极心态，并且满脑子都是恐惧和挫折的话，那么你所面临的结果也只能是恐惧和失败而已。

恐惧多半是心理作用，但是它确实存在，并且是发挥潜能的头号敌人。行动可以治愈恐惧、犹豫，拖延只会助长恐惧。

那么如何才能克服恐惧心理呢？最好的方法就是跟潜能连接。人的潜能拥有无限的能量，一个人的心灵若能和潜能对接，就可得到其无限力量的供给，使你增强信心并底气十足。

从前有一个人，他从未见过海，非常想看一看海。有一天，他得到一个机会。当他来到海边时，那儿正笼罩着雾，天气也很冷。他想："啊，我不喜欢海，幸亏我不是水手，当一个水手太危险了。"

在海岸上，他遇到一个水手，他们交谈了起来。

"你怎么会爱海呢，那里弥漫着雾，又很冷。"

"海不是经常都冷和有雾。有时，海是明亮而美丽的。但不管海上的天气是什么样的，我都爱海。”水手说。

“当一个水手很危险吗？”这个人问。

“当一个人热爱他的工作时，他不会想到什么危险。我们家的每一个人都很爱海。”水手说。

“你的父亲在何处呢？”

“他死在海里了。”

“你的祖父呢？”

“死在大西洋里了。”

“那你的哥哥呢？”

“他乘坐的船翻在印度洋里了。”

“既然如此，如果我是你，就再也不会回到海里去了。”

水手问道：“你愿意告诉我你父亲死在哪里了吗？”

“啊，他在床上断的气。”这个人回答说。

“你的祖父呢？”

“也是死在床上。”

“这样说来，如果我是你，”水手说，“我就永远也不会睡到床上了。”

天底下本就没有什么绝对的事情，所有的事情都是相对的，就看你以怎样的心态去对待。所以，有些人可以苦中作乐，有些人身在福中却备受煎熬。

我们人类曾经征服了自然，但是，却无法征服自己。内心的恐惧，就是我们最大的敌人。因为恐惧，我们选择了放弃；因为恐惧，我们与成功失之交臂。1952年，世界著名的游泳好手弗洛伦丝·查德威克从卡德林那岛游向加里福尼亚海滩。两年前，她曾经横渡过英吉利海峡，现在，她想再创一项纪录。这天，当她游近加里福尼亚州海岸时，嘴唇已冻得发紫，全身一阵阵地寒颤。她已经在水里泡了好几个小时。远方，雾气茫茫，使她难以辨认伴随着她的小艇。

查德威克内心的恐惧一点点地扩大，慢慢地将她吞噬，她感到实在坚持不住了，便向船上的人求救。其实当时她离目的地只有一英里远的距离，她只要稍稍坚持，还是可以成功的，但恐惧让她选择了放弃。

后来，她告诉记者说，如果当时她能够看到陆地，她就一定能坚持游到终点。大雾阻止了她夺取最后胜利的信心。

这件事过后，她认识到，事实上，妨碍她成功的不是大雾，而是她内心的恐惧。是她自己让大雾挡住了视线，迷惑了心性，她是被恐惧给俘虏了。

两个月后，查德威克又一次尝试着游向加里福尼亚海岸。浓雾还是笼罩在她的周围，海水冰冷刺骨，她同样看不到陆地。但这次她坚持着，她知道陆地就在前方。她奋力向前游，因为，陆地在她的心中。

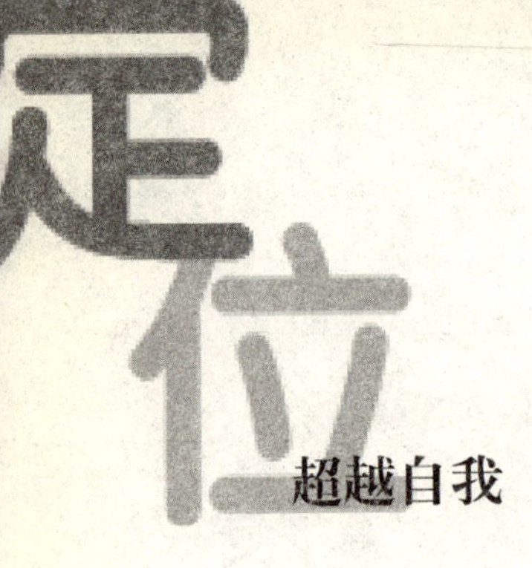

超越自我

一个人的潜力是无穷的，如果我们可以将其充分利用的话，那么我们将会创造很多的人间奇迹。但是我们却没有做到，我们体内的巨大能量被埋葬、被荒废。

为什么会这样？原因就是我们总会给自己设限。我们总是认为自己不可能会那么优秀，于是我们否定自己、怀疑自己，我们在困难面前选择了逃避和放弃。

其实，只要我们能够突破心理上的这些障碍，是可以有所突破的。几千年来，所有人都认为人类不可能在4分钟内跑完一英里，但是1954年罗杰·班尼尔破了这个纪录。1955年有30多位选手做到了，1956年300多位选手做到了。一直以来，人们也总是认为没有人可以跳到28英尺，但是巴贝门做到了，在他之后又有好多选手做到了。所以，不要给自己设限，要知道人类是无所不能的。当然，这并非让你不切实际而妄自尊大，而是让你不要轻易去否定自己，要相信自己可以创造奇迹。

麦吉是美国著名的残疾运动员。在他22岁的时候，还是一个身心健康的人，那时他刚从耶鲁大学的戏剧学院毕业，正是风华正茂、踌躇满志的年纪。但是，命运却跟他开了个很大的玩笑。一天晚上，他被一辆急驰而过的大货车撞翻在地，当他醒来的时候，左小腿已被切去。

如果是常人，在这样的打击下可能就会一蹶不振，但是麦吉没有。在他失去左腿的一年之后，他便开始练习跑步。后来，他参加了在纽约和波士顿举行的马拉松比赛，并打破了伤残人组的纪录，成为全世界跑得最快的独腿运动员。接着，他又准备进军三项全能。但是，不幸再一次降临，在比赛中，当他正骑着脚踏车疾驰时，一辆黑色的小轿车朝着他猛冲过来。后来他回忆说，当时只听得人群中发出一阵尖叫，然后自己的身体飞过马路，一头撞在电线杆上，颈椎发出“啪”的一声，当时他还记得自己被抬上了救护车，接下来的事情，就不知道了。

当他醒来后得知自己的四肢瘫痪了，那时他才刚刚30岁。

当时他的四肢几乎已经不能动弹，但他仍然没有放弃。他知道自己的四肢还有感觉，而这意味着自己有独立的可能性。他开始学着照顾自己，渐渐地学会了洗澡、穿衣、吃饭，甚至还学会了开经过特别改装的车子。他的进步连医生也都感到惊奇。后来经过一段时间的治疗之后，他被转到一家康复中心，那里住的都是四肢瘫痪的病人。他意识到并不是自己一个人才是不幸的，还有那么多的人与他的命运相同。于是，他又振作起来。他康复的速度非常的快，仅仅半年之后，他就重返社会了。后来，在一次三项全能运动会上，他发表了一篇激动人心的演讲。但是后来，他意识到有些事实始终都是自己无法改变的，那就是他永远都不可能再像一个正常人那样了。这时，他感到非常失落。为了摆脱痛苦，他染上了毒瘾。他开始感到绝望，开始想到轻生。直到有一天，他感到自己不能再这样沉沦下去了，他必须让自己振作起来。他开始让自己乐观地看待这一切，把这当成一个可以真正了解自己的机会。于是，他彻底改变了。

后来，麦吉终于从绝望中走过来了。他在加州圣芭芭拉市帕西非克研究所攻读神学博士学位，而且还写了一篇关于神话史上的伤残男性的论文。

一个人，只要有了坚强的意志，就可以无所不能，哪怕他的身体已被毁灭，但他的精神却可以永存。所以，相信自己。世界上本来就没有不可能的事情，只要你能够战胜内心的怯懦，就可以超越自己，最终创造出属于自己的奇迹！

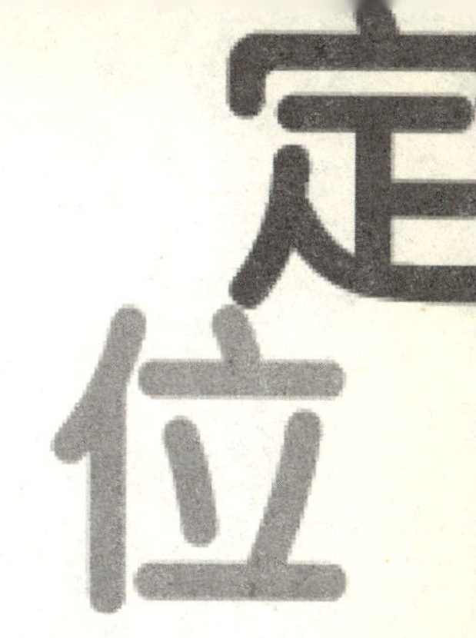

发挥潜能，做好人生规划

大自然赐给每个人以巨大的潜能，但由于我们没有受到过有效的训练，这些潜能一直被埋藏在我们的体内，就像一个个沉睡的巨人。如果可以唤醒这些巨人，我们定会成就非凡的业绩。

人与人的大脑构造是相同的，任何一个平常人的大脑与一个科学家的大脑都没有太大的不同，只是他们用脑的程度和方式不同而已，也就是说，他们体内的潜能所释放的程度不同。如果我们将这些潜能充分开发出来，我们任何一个人都可以成为一个像爱因斯坦那样伟大的科学家。

如何才能进行潜能开发呢，说来简单，但也很难，因为有时一个偶然的刺激它就会爆发；而有时，任你怎么千呼万唤它都无动于衷。一般情况下，它是需要强烈刺激的，当一个人置于险境的时候，他体内的潜能往往就会被激发出来。

一个美国军人，在战场上被流弹击伤，结果造成下半身瘫痪，被困轮椅12年。他对生活失去了信心，每天只是借酒浇愁。一天，他从酒馆出来之后，遭到几个劫匪的抢劫。他拼命反抗，谁知惹恼了那几个劫匪，放火烧他的轮椅。他一时情急，居然忘了自己是个残疾人，撒腿跑了起来，一直跑出了好远，这才清醒过来：自己居然能走路了。后来，他找到了一份工作，又可以像正常人一样生活了。

还有一个农民，他有一个10多岁的儿子。一天，他的儿子由于贪玩，开着自家的大货车在农场里转来转去，一不小心翻到了水沟里，整个身子被压在了下面，只露出了一个脑袋。这个农民见状立刻飞奔而去，毫不犹豫地跳下了水沟，然后居然一个人将车抬了起来，把儿子救了出来。孩子伤得不重，只是一点皮外伤。人们都感到惊讶，这个农民体形并不高大，也不够强壮，但是他居然能够独自抬起一辆车。事后，这个农民也试图再去抬那辆车子，但无论他怎么努力，都无法将其抬起。

大多数时候，我们之所以不能开发体内的潜能是因为我们总是会给自己设限。可能大家都听说过“爬蚤”的故事，跳蚤是世界上最善跳的动物，它能跳过其身高100倍以上的距离，但是，如果在它的头上加一个玻璃罩，然后不断降低玻璃罩的高度，那么它就会渐渐适应这个高度，直到最后玻璃罩接近桌面，这时它就变成“爬蚤”了。而我们呢，也正是因为给自己设限，所以才让自己局限在那个圈子里。这里所讲的设限是指“心灵”上的设限，我们总会觉得自己没有那么大的本事，没有那么大的能力，总是否定自己，不让自己去尝试。我们被自己的恐惧扼住了心灵，于是在困难面前束手就擒。

齐藤竹之由于参选议员失败而欠下了一笔巨债，那年他57岁。为了谋生，他不得不去寻找别的工作。后来，他成了一家公司的人寿保险推销员。从事保险工作非常辛苦，每天都要东奔西走，更何况他又上了年纪。但是他却不服老，他告诉自己一定要成为公司里的首席推销员。自从定下了这个目标之后，他便开始拼命地工作。5年之后，也就是在他62岁那年，他实现了那个目标，赢得了“首席推销员”的称号。他并不满足，因为这次他把目光投向了世界，他要与那些世界级的顶尖推销高手竞争，他要赶上并超过他们。于是，他更加拼命地工作。就是凭着这种信念和超强的毅力，他终于在1958年创下了成交量的世界纪录。

我们真的很难想象一个年近古稀的老人会有这样的成就。保险推销是一份很辛苦的工作，就算很多年轻人也受不了，坚持不下去。但是一个老人却做到了，并创下了世界纪录。所以，人真的是无所不能的。

人体的潜能通常在两种情况下爆发：当我们受到强烈的刺激，面临巨大的困境时，人体的潜能往往就会爆发，让我们顺利地从困境中走出来，这也就是兵法所言的“置之死地而后生”；另外就是在我们强烈的信念的支撑下，这时也会激发出我们体内的潜能。

人体就像一个未开发的宝藏，需要我们用一生的时间去开发。所以，相信自己，我们有能力做得更好。

第七章 DI QI ZHANG

坚定信念赢得成功

信念是一个人的精神支柱，我们只有拥有坚定的人生信念，才能克服重重困难走向成功。一个人有了信念，才有了前进的动力；一个人有了信念，才可以创造出奇迹。没有信念的人生，就像没有动力的航船，只能原地踏步。信念是一双翅膀，带领我们飞向远方。

要有坚定的人生信念

任何人只要有了不熄灭的信念，努力地去寻找，总会得到帮助自己打败困难与挫折的密笈。这样你人生的一切都可以得到改变，因为你已经掌握了改变人生的主动权。

一个人在成功的路上，不会是一帆风顺的，总会遇到许多的挫折和无奈，只有那些具有非凡信念的人才能成功。信念，让他们勇往直前；信念，让他们披荆斩棘；信念，带他们飞到成功之巅。

坚定的信念让吉尔·金蒙特改变了整个生活的方向。金蒙特年轻时就已是全美国最受喜爱、最有名气的滑雪运动员了，她的照片被用作《体育快报》杂志的封面。金蒙特踌躇满志，积极地为参加奥运会预选做准备，大家都认为她一定能成功。

她当时的生活目标就是获得奥运会金牌。然而，1955年1月，一场悲剧使她的愿望化为了泡影。在奥运会预选赛最后一轮比赛中，金蒙特沿着大雪覆盖的罗斯山坡开始下滑，没料到，这天的雪道特别滑，她刚滑了几秒钟，便身子一歪，失去了平衡，她努力调整自己却无济于事，巨大的惯性使她箭一般冲下来，一下跌下了山坡。

她昏迷了过去。人们立即把她送往医院抢救，虽然最终保住了性命，但她身体双肩以下的部分却永久性瘫痪了。金蒙特认识到活着的人只有两种选择，要么奋发向上，要么灰心丧气。她选择了奋发向上，因为她对自己的能力仍然坚信不疑。她千方百计使自己从失望的痛苦中摆脱出来，去从事一项有益于公众的事业，以建立自己新的生活。几年中，她整日与病魔做斗争，她的病情时好时坏，痛苦时刻折磨着她，但她一直以一种乐观的心情去对待，始终没有放弃生活的希望，后来，她不仅学会了自理，还在加州大学洛杉矶分校选修了几门课程，并决心当名老师。

想当老师，这可真有点不可思议，因为她既不会走路，又没受过师范训练。她向学院提出申请，但系主任、学校顾问和保健医生都认为她不适宜当教师。录用教师的标准之一是要能上下楼梯走到教室，可她做不到。但是，金蒙特的信念就是要成为一名教师，任何困难都不能动摇她的决心。

1963年，她终于被华盛顿大学教育学院录用。由于教学有方，很快受到了学生们的爱戴。她教那些对学习不感兴趣的学生很有一套。她向青年教师传授经验说：“这些学生也有感兴趣的东西，只不过和大多数人的不一样罢了。”

金蒙特从未得过奥运会的金牌，但她却得到了另一块金牌——学校为了表彰她的教学成绩授予她的金牌。

持有永不放弃的精神

只有经得起风雨及种种困难磨砺的人最后才能够成为胜利者，因此，我们应该做到不到最后关头绝不轻言放弃，要一直相信：成功者永不放弃，放弃者永不成功。

从很小的时候，我们的家人和我们的老师就教导我们要坚持，不要放弃。这种思想一直跟随着我们，但是，令人遗憾的是，思想并不等于行动。没有任何事情是一帆风顺的，多多少少都会遇到些挫折，一两次挫折我们还受得了，但是面对接二连三的失败和打击，我们就开始动摇了。其实我们并不是想要放弃，而是对自己不再有信心，或是怀疑自己的能力，或是怀疑自己的眼光，内心的恐惧也在这种怀疑中与日俱增。

当然，有时我们是应当学会放弃的，比如选择了错误的职业，那样我们就应该及时的调整方向而不应一条路跑到黑，在这种情况下，放弃便成为一种智慧。永不放弃是有前提条件的，首先你做的必须是一件正确的事情，适合你自己的事情，哪怕全世界的人都反对，你也应该坚持。如果你有高度的自信，你有坚定的信念，你可以勇敢地把挫折踩在脚下，那么终有一天，你会成功。

他是一位匈牙利木材商的儿子，由于从小生得呆笨，人人们都喊他“木头”。12岁时，他做了一个梦，梦到有个国王给他颁奖，因为他的字被诺贝尔看上了。当时，他很想把这个梦告诉所有人，却因怕被嘲笑，最后只告诉了妈妈。

妈妈说：“假若这真是你的梦，你就有出息了！我曾听说，当上帝把一个美好的梦想放在谁心中时，他是真心想帮助谁完成的。”

男孩信以为真。从此他真的爱上了写作。

“倘若我经得起考验，上帝会来帮助我的！”他怀着这份信念开始了他的写作生涯。

3年过去了，上帝没有来；又3年过去了，上帝还是没有来。就在他期盼上帝前来帮助他的时候，希特勒的部队来了。他作为犹太人，被送进了集中营。

在那里，600万人失去了生命，他活了下来。1965年，他终于写出了他的第一部小说《无法选择的命运》；1975年，他又写出了他的第二部小说《退稿》；接着他又写出了一系列的作品。

就在他不再关心上帝是否会帮助他时，瑞典皇家文学院宣布：把2002年的诺贝尔文学奖授予匈牙利作家凯泰斯·伊姆雷。他听到后大吃一惊，因为这正是他的名字。

当人们让这位名不见经传的作家谈谈获奖的感受时，他说：“没有什么感受。我只知道，当你说‘我就喜欢做这件事，多困难我都不在乎’时，上帝就会抽身来帮助你。”

你坚定自己的信念，总有一天会感动上帝。而放弃，就意味着失败。

一个著名的篮球教练，执教一个很烂的、因为刚刚连输了10场比赛而开除了教练的大学球队。这位教练给队员灌输的观念是：“过去不等于未来”，“没有失败，只有暂时停止成功”，“过去的失败不算什么，这次是全新的开始”。

结果，在球队参加的下一场比赛中，他们又落后了，而且落后了整整30分，球员们一个个垂头丧气，神情沮丧，“你们打算放弃吗？”教练问道，“不”，队员们回答道，但声音小得可怜。

于是，教练开始问道：“各位，假如今天是篮球之神迈克尔·乔丹遇到连输10场，在第11场又落后30分的情况，乔丹会放弃吗？”

球员回答：“不会！”

教练又问：“假如今天是拳王阿里被打得鼻青脸肿，但在哨声还没有响起、比赛还没有结束的情况下，拳王阿里会不会选择放弃？”

球员回答：“不会！”

“假如美国发明大王爱迪生来打篮球，他遇到这种状况，会不会放弃？”

球员回答：“不会！”

接着，教练问他们第四个问题：“约翰会不会放弃？”

这时全场非常安静，有人举手问：“约翰是什么人物，怎么连听都没听说过？”

教练带着一个淡淡的微笑说：“这毫不奇怪，因为他在一场比赛中选择了放弃，所以从来没有人记住他的名字。”

英国首相丘吉尔在第二次世界大战时发表了一场演讲，那是历史上最短的也是最脍炙人口的一次演讲，他上台只说了一句话，那就是：“永远，永远，永永远远，永永远远不要放弃！”

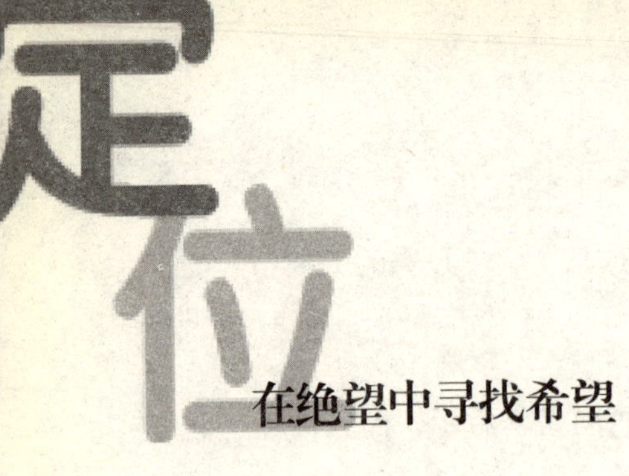

在绝望中寻找希望

在任何时候，我们都要有自己的想法。拥有自己的主见才能得到他人的尊重，获取更多的朋友，不要让外在的条件或自己本身束缚了自己的发展。

人生的跋涉是艰难的，如同一条孤零零的小船在大海上航行，有时一个巨浪有可能就会将我们吞没。我们在困难面前似乎那样的无能为力，但是，请你记住：哪怕有一点希望，都不要说放弃，因为希望很可能就隐藏在绝望的下面。只有那些永不放弃的人，才能在绝望中寻找到希望，从而实现人生的辉煌。

1989年，发生在美国洛杉矶一带的大地震，在不到4分钟的时间里，使30万人受到伤害。

在混乱和废墟中，一个年轻的父亲安顿好受伤的妻子，便冲向他7岁的儿子上学的学校。他眼前，那个昔日充满孩子们欢声笑语的三层教室楼，已变成一片废墟。

他顿时感到眼前一片漆黑，他大喊着：“汤姆，我的儿子！”跪在地上大哭了一阵后，他猛地想起自己常对儿子说的一句话：“不论发生什么，我总会跟你在一起！”

他坚定地挺起身，朝那片看起来毫无希望的废墟走去。

他每天早上送儿子上学去，知道儿子的教室在楼的一层左后角，他疾步走到那里，开始动手。

在他清理挖掘时，不断地有孩子的父母急匆匆地赶过来，看到这片废墟，他们痛哭并大喊：“我的儿子！”“我的女儿！”哭喊过后，他们绝望地离开了，有些人上来拉住这位父亲：“太晚了，他们已经死了。”

这位父亲双眼直直地看着这些好心的人，问道：“你是不是来帮助我？”没人给他肯定的回答，他便埋头接着挖。

救火队长挡住他：“太危险了，随时可能发生起火爆炸。请你离开。”

警察走过来：“你很难过，难以控制自己，可这样不但不利于你自己，对他人也有危险，马上回家去吧。”

“你是不是来帮助我？”

人们都摇头叹息地走开了，认为他精神失常了。

这位父亲心中只有一个信念：“儿子在等着我。”

他就这样不停地挖着，一小时，两小时，一天……他的满面灰尘，双眼充满血丝，双手被尖锐的瓦砾刺破，鲜血淋漓，但他一直没有停下来，他突然听到底下传来孩子的声音：“爸爸，是你吗？”

是儿子的声音！父亲大喊：“汤姆！我的儿子！”

“爸爸，真的是你吗？”

“是我，是爸爸！我的儿子！”

“我告诉同学们不要怕，说只要我爸爸活着就一定会来救我们的，因为你说过无论发生什么，你总会和我在一起！”

“你现在怎么样？有几个孩子活着？”

“我们这里有14名同学，都活着，我们在教室的墙角。房顶塌下来架了个大三角形，我们没有被砸着。我们又饿又渴又害怕，现在好了。”

父亲大声向四周喊：“这里有14个孩子，都活着！快来人！”

一个父亲的信念救了14个孩子的性命。我想那些其他孩子的父母也是爱他们的孩子的，但是，面对绝望，他们还是放弃了。其实希望就隐藏在绝望的下面，是我们自己选择了放弃。

信念好比航标灯射出的明亮的光芒，在朦胧浩淼的人生海洋中牵引着人们战胜一切灾难和困苦。只要你自己不放弃，这个世界就永远不会将你丢弃。

只要你相信，奇迹就会发生。

生命的价值在于自己

任何人都要看得起自己，要始终坚守自己的信念。我就是我，没有比这更重要的了。无论什么时候，都不应该让别人所左右，也不要希望成为别的什么人，保持自己才是最好的。

如果你希望主宰自己的人生，那么就必须好好把握自己的命运。

一位作家这样讲述自己早年的经历：我记得小学六年级的时候，考试考第一名，老师送我一本世界地图。很不幸，那天轮到我为家人烧洗澡水。我就一边烧水，一边在灶边看地图，想到埃及很好，埃及有金字塔，有艳后，有尼罗河，有法老，有很多神秘的东西……心想，长大以后有机会，我一定会去埃及。

我正看得入神，突然有一个人从浴室里冲出来，胖胖的围一条浴巾，用很大的声音跟我说："你在干什么？"

我抬头一看，原来是爸爸，我说："我在看地图。"

爸爸很生气，说："火都熄了，看什么地图？"

我说："我在看埃及地图。"父亲就跑过来一把将地图夺过来，撕得粉碎，然后摔在我的脸上说："我向你保证，你这辈子不可能到那么远的地方！赶快生火。"

当时我看着爸爸，呆住了，心想："我爸爸怎么给我这么奇怪的保证，真的吗？"

后来，我第一次出国就去埃及，我的朋友都问我："到埃及干什

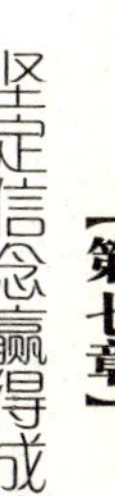

么？”那时还没开放观光，出国很难的。我说：“因为我的生命不要被保证。”自己就跑到埃及去旅行了。

有一天，我坐在金字塔前面的台阶上，买了张明信片给我爸爸。我写道：“亲爱的爸爸，我现在在埃及的金字塔前面给你写信。记得小时候，你打我两个耳光，踢我一脚，保证我不能到这么远的地方来，现在我就坐在这里给你写信。写的时候我的感慨很深……”

生命是我们自己的，他人没有资格代我们做出决断。人类是万物的灵长而不是一个傀儡。

只要你拥有自己的信念，就不至于迷失了方向，信念是人生的航标灯，带领我们驶向前方。

怀有梦想才能成事

一个人没有梦想，就无法实现任何理想，也不可能有所收获。人可以一无所有，但不能没有梦想。人没有梦想，生活就没有目标，没有了目标，也就没有了进取心，这样你的人生就会失去希望。

“心想事成”是我们经常用到的一句祝福语，其实，这句话是有一定道理的，里面就包含了潜意识的原理，你不断地向大脑输送一个意念，大脑受到强烈刺激，便会将其记录下来，并交其储存在信息库中。

我们在前文说过，潜意识的记忆力很差，需要不断的刺激，而且没有判别或选择能力，易受图像刺激，所以如果你总是在心里不断地重复播放一个画面，就会将体内的潜意识激发出来。在现实中，我们常常发现，我们现在的生活往往就是我们多年前头脑里想象的一个画面。

许多年前，曾经有个英国教师，在整理阁楼上的旧物时，发现了一叠练习册，它们是自己以前所执教的中学的30多位孩子的春季作文，题目叫《未来我是……》。他本以为这些东西在德军空袭伦敦时被炸飞了，没想到它们竟安然无恙地躺在自己家里，并且一躺就是25年。

他顺便翻了几本练习册，很快被孩子们千奇百怪的自我设计迷住了。比如：有个学生说，未来的他是海军大臣，因为有一次他在海中游泳，喝了3升海水都没有被淹死；还有一个说，自己将来必定是法国的总统，因为他能背出25个城市的名字，而同班其他同学最多只能背出7个；最让人称奇的，是一个叫戴维的盲学生，他认为，将来他必定是英国的一个内阁大臣，因为在英国还没有一个盲人走入过内阁。总之，30多个孩子都在作文中描绘了自己的未来。有当宇航员的、有当魔术师的、有想去外星探险的，总之，五花八门，应有尽有。

教师读着这些作文，突然有一种冲动——何不把这些本子重新发到同学们手中，让他们看看现在的自己是否实现了25年前的梦想。当地一家报纸知道他这一想法后，为他发了一则启事。没几天，书信像雪片般向教师飞来，他们中间有商人、学者及政府官员，更多的是一些没有身份的人，他们都表示，很想知道儿时的梦想，并且想得到那本作文簿，教师按地址给他们一一寄去。

一年后，教师身边仅剩下一个作文本没有人索要，这个人叫戴维。他想，这个叫戴维的人肯定死了。毕竟25年了，25年间是什么都会发生的。

就在他准备把这个本子送给一家私人收藏馆时，他收到了内阁教育部大臣布伦克特的一封信。他在信中说："那个叫戴维的人就是我，感谢你还为我保存着儿时的梦想，不过我已经不需要那个本子了，因为从那时起，我的梦想就一直在我的脑子里，没有一天放弃过；25年过去了，可以说我已经实现了自己的梦想。今天，我还想通过这封信告诉我其他的30位同学，只要不让年轻时的梦想随岁月飘逝，成功总有一天会出现在你的面前。”

布伦克特的这封信后来被发表在《太阳报》上，因为他作为英国第一位盲人大臣，用自己的行动证明了一个真理：假如谁能把15岁时想当总统的愿望保持25年，那么他现在一定是一位总统了。

强化你的信念

信念是灵魂的工场，人类所有的梦想都在这里铸造。

如果你是一个意志坚强的人，就会容易获得成功。但是如果你的意志薄弱，很可能就会被自己的情绪所左右而停步不前。因为每当自我主张动摇时，外界稍微的风吹草动就会让我们对自己产生怀疑，而我们内心的恐惧也会一点点地扩大。而恐惧是一个人成功的最大障碍，因为它会让我们停步不前。

我们总觉得自己没有那么优秀，或者自己根本就不可能克服那个障碍。但如果你能鼓起勇气的话，你会发现事情没有自己想象的那么难。其实，无论什么事情，只要你付出行动了，那么很可能你就能够取得成功，因为在做事的过程中，我们的思想会进一步的成熟，我们的智慧会进一步的爆发，我们的意志也会更加坚强。所谓“船到桥头自然直”，最重要的，就是你敢于让自己迈出第一步。只要踏出第一步，那么所有成功的大门就会向你开启。

霍德华·舒尔茨小时候的生活非常艰难，那时，他们住在纽约市房租低廉的住宅区内，四周又脏又乱。一天，他躺在床上，幻想着自己的未来。他不知道自己将来会是什么样子，但是当时却有一种强烈的愿望，那就是一定要摆脱贫困的生活。

后来，他上了大学，离开了自己以前居住的那个地方。他的父母都是工薪阶层，每日都在为了生活而不停地奔走，没有时间顾及他。

他当时也非常的迷茫，不知何去何从。后来，他发现自己很善于推销，于是便进了一家瑞典人开办的家庭用品公司工作。由于他表现优秀，不到30岁便成了公司的副总裁。他买了一套住宅，然后又娶了一个美貌的妻子，过上了舒适的生活。

如果是别人，过上这样的生活也许就会心满意足了。但霍德华却不是这样，他希望可以开一家属于自己的公司，他要主宰自己的命运。20世纪80年代初，一个奇特的现象引起了他的注意。当时西雅图有家从事零售业的小公司向他们订购大量的滴滤式咖啡壶。这家名为“明星咖啡连锁公司”的企业规模很小，只有4家分店，但是其订购量却超过了百货业巨擘——梅西公司。

为了弄清原委，他亲自赶到了西雅图明星咖啡公司的总店。这家店面很朴实，但却别有风味。而且他们这儿的咖啡都是现场磨制，然后倒入滤式咖啡壶的滤格，再浇上热水，这样一杯热气腾腾的咖啡便出来了。这种咖啡相对于其他咖啡来说味道更加浓郁。当晚，他就和这家公司的股东一起吃饭，而且他对这家公司很感兴趣，打算来这里发展。那也就意味着他要失去目前的这份工作，生活也可能会失去保障。但是，这家咖啡公司对他有着莫大的吸引力，后来，他终于见到了公司的董事长。会晤时气氛极好，可是，他最后却被告知不予录用，原因是他的计划不符合公司的经营方针。霍德华不想就此放弃，他又给负责人打电话，最后，他的诚意打动了这位负责人，而他也得到了这次工作的机会。

进明星公司一年之后，他的人生又一次发生了转折。一次他去意大利米兰参加国际家庭用品展览，当时会场里有一个小咖啡吧，那里的咖啡味道香醇，给他留下了极深的印象，而意大利咖啡吧的浪漫和经营作风也给他留下了很深的印象。于是他有了另一个创意，那就是开一个咖啡吧，然后论杯卖咖啡，这样顾客不必自行研磨冲泡就可以喝到美味的咖啡。但他的这个建议却没有得到公司的认同，因为他们认为公司的定位是零售业，而不是餐厅或酒吧，没有必要去冒险。但是，霍德华对自己的计划充满信心，得不到公司的支持，他便自己干。不久，他就离开了明星公司，另立门户，创办了“伊尔·乔尔纳莱公司”。结果，他在西雅图开的小店每天就有1000多位顾客光临。不久他又开了第二家、第三家。如今，仅在美国，他的公司就有1500多家分店，而他，也成为名副其实的“咖啡吧大王”。

信念，可以激发出我们自身的勇气，帮助我们克服困难，走出困境。首先，你要让自己建立一个信念，然后，要不断吸收新的有力的依据，以强化这个信念。而付出行动，则是我们强化信念的最好的办法。曾经有一位老妇人，在她70岁高龄之际，开始练习登山。而在随后的25年里，她一直都冒险攀登高山。在她95岁的时候，她还登上了日本的富士山，打破了攀登此山的最高年龄纪录，这位老人就是胡达·克鲁斯。她之所以能够取得这样的成绩，就是因为在她的心中有一个信念，她相信自己能够成功。

所以，影响我们人生的不是环境，也不是遭遇，而是我们的信念。坚定人生的信念，让它成为你前进的动力，那么你也一定能够到达成功之巅。

信念是前进的动力

一个人要想获得成功，就必须要有坚定的信念，信念是我们前行的动力。只要有信念，力量就会自然而生。

伊丽莎白以前从事销售工作，她很爱这个行业，做得也相当不错。但家人却坚持让她做名教师。无奈之下，她听从了家人的劝告，改了行。但是她根本就不喜欢这个行业，因为她是那种生性活泼的人，而这份工作让她感到很压抑，每天都那么波澜不惊，生活没有一点的激情。于是她的心情变得很郁闷，便开始拼命地吃巧克力和一些甜食，而这却使她的体重大增，精力大衰。她去找医生，而医生告诉她，他们也无能为力。

一天，朋友对她说附近有个推销人员俱乐部，是为那些热爱推销工作的人建立的。伊丽莎白听后十分兴奋，因为她十分热爱销售这个行业，她喜欢跟人打交道。每当自己拿下一笔订单，那种喜悦的心情都会让她开心不已。于是她便参加了这个俱乐部。她开始利用业余的时间从事一些推销的工作，尽管如此，她的业绩还是很好。后来，她干脆辞掉了教师的工作。尽管遭到家人的反对，但却让自己感到轻松了许多。她开始全身心地投入到工作中去。她最希望从事的便是广播推销，但当时电台没有什么空缺的职位。但是她已经学会了坚持，最后，她的诚心终于为她换来了这份工作。这个来之不易的机会让她更加珍惜，于是她开始更加卖力地工作，所以没用多久，她便做出了惊人的业绩。

但是，不幸却降临在她的头上。一天晚上她回家时不小心被一辆车撞倒，结果造成小腿骨折，打上了厚厚的石膏。没办法，她只能呆在病床上。尽管这样，她仍然没有停止工作。不能走路了，她便利用电话，所以在住院期间，她的业务量仍没有减少。

由于她工作卖力，所以她的业绩要比其他人高好多。人们便向她请教经验，而她也从不保留。后来，销售部经理辞职，她便顺理成章地登上了这个宝座。她每天都会召开会议，而自己的业绩也一直都维持在一定的水平。虽然电台的销售仅占整个市场很少的一部分，但他们的成绩却总是名列前茅。她的能力得到公司领导层的认可，便请她到其他的部门举行研讨会。无论她走到哪里，成果都相当显著。开始的时候，她总会感到一些紧张，但慢慢地，她让自己适应过来。观众们都很喜欢她的演讲，因为她的演讲不会像其他人的演讲那样枯燥乏味。后来，她受邀到全国10多个城市进行演讲，她依照内心的感受发表演讲，而听众也一个个都如痴如醉。

如今，伊丽莎白已成为这个俱乐部的理事长，而她自己也成为全国知名的演说家。她还出了好几本关于销售方面的书，每次市场反映也都不错。而她自己自从从事这项工作以来，就变得精神抖擞，身体的健康状况也得到了极大的改善。

信念是大脑的药剂师，当信念与思想结合起来，就会产生巨大的能量。为什么信念会有如此巨大的能量呢？原来，人体所有主要的积极情感中最强烈的三种情感便是信念的情感、爱的情感和性的情感。

当这三种情感融为一体时，就会产生出改变大脑思想的力量。

而一个人一旦有了坚定的信念，就会不断地向大脑输入一种信息。这种信息会进入我们的潜意识。我们的潜意识是不辨真伪的，无论我们输入的内容是真是假，它都会接收。这也就是所谓的“诺言重复一千次，也会变成真理”。因此，我们的头脑便会被这种思想所占据，而这种思想就会指导着我们的行动，推动我们的行为。而我们，便也有了前进的动力。

罗伯特的父亲是个马术师，所以他从小就跟着父亲东奔西跑，一个农场一个农场的去训练马匹。所以，他的求学过程并不顺利。

一次，老师给全班同学布置了一篇作文，题目就是“长大后的志愿”。同学们都在认认真真地描述着自己的未来，罗伯特也不例外。他的志愿就是有一座自己的农场，然后在农场里再养上几千匹马，另外再在农场的中央建一座豪宅。当他把自己的作文交上去之后，却得了个大大的F。罗伯特找到了老师，问为什么给自己不及格。老师对他说因为他完全是在做白日梦，因为建农场需要很大的投资，而他一无所有，没有资金、没有背景、没有权势，这样的梦想太不现实了。如果他不这么好高骛远，脚踏实地些，自己可以重新给他打分。但罗伯特却不相信，的确，他现在是一无所有，但这并不能代表什么。许多有钱人也都是白手起家的。所以他没有改一个字，固执地把作文重新交了上去。

在以后的路上，罗伯特的确遇到了很多的困难。但是他对待这些困难就像当初自己对待那篇作文的态度一样。他不停地努力，终于在事业上有了一些成就。然后，他用自己手中所有的积蓄在美国的西部买了一块地皮，先是种植一些农作物，因为这样可以很快收回成本。后来在手中有足够多的资金后，便建了一个很大很大的马厩，买进好多纯种的马。

之后，他邀请自己的老师来农场做客。离开前，老师对他说："很抱歉我当年说的那些话。但是同时也感到很幸运，因为我遇到的是一个有主见的孩子，这样才没有让自己的话毁掉他的一生。同时，你也让我明白了一个道理，那就是只要一个人不放弃自己的梦想，他就一定会成功。"

建立正确的信念

信念是指引我们前行的指南针。但如果你选择了一个错误的信念，它也会带你走向坟墓。所以，我们一定要让自己树立正确的信念。

何为正确的信念，首要的要求就是不违背人类的道德，不以牺牲他人的利益为代价而达到自己的目的；其次就是要与自身的实际相符合，不能不顾现实而脱离实际。

一个人若走的是一条不适合自己的路，那么就会屡屡碰壁，自信心也会逐渐泯灭。有时我们选择了一条错误的路，但却不愿承认，因为那样会让我们很没面子。但是没面子总会比让自己在一条不适合自己的路上浪费掉一生要好。

因此，在我们确立自己的信念之前，一定要学会正确地认识自己。认识自己就是要清楚自己的特长，自身的优劣势。如果你擅长语言表达，就可以把自己的目标定为一个演讲家。如果你喜爱写作，就把自己定位为文学创作者。但如果你一看数字就感到头疼，却希望自己成为一名科学家，那么十有八九会遭到失败的命运。

另外，只有正确的信念还是不够的，就像只有发动机，但却不将它引燃一样。若是想在人生中有一番成就，就要把自身的信念提高到一种强烈的地步。如果你的信念不强，那么在遇到较少挫折的时候或许还可以应付，但是当你遇到很恶劣的境地时，便会让恐惧占了上风。

通往成功的路上总是荆棘密布，险象环生的。所以，凡是能够登上成功巅峰的，都是那些对自己的梦想执著追求的人。巴甫洛夫曾宣称：“如果我坚持什么，就是用炮也不能打倒我。”高尔基也曾说过：“只有满怀信念的人，才能在任何地方都把信念沉浸在生活中并实现自己的意志。”正是怀着这种信念，所以他才能够在主人的皮鞭下坚持读书，最后成为一位世界级的文学家。

其实，阻碍我们成功的，往往是我们内心的那些消极的感受，它们就像一些纠缠不清的藤条，把我们前进的脚步紧紧缠住。而信念，则是清除这些杂草的最好武器。意志主宰一个人的命运，只要我们将那些不良思想统统清除出去，我们的心灵便会得到净化，我们的思想便会得到升华，而我们的人生也将因为思想上的改变而更加辉煌。

第八章 DI BA ZHANG

带着正能量，踏上成功路

人生相当程度上犹如逆流而上的船只。只有不停地划桨，只有奋力地向前，才不会有被冲到万丈深渊的危险。因此，我们必须不断地提升自己，调整对自己的定位。

学会自发地工作

如果你想提升自己的位置，你就要永远保持主动率先的精神，不等老板交代，便去主动做自己应该做的事。

一家机械公司老板的体会是这样的。

他说："我们这一行最迫切需要的，就是想办法增加'能想又能做的人'。我们的生产与行销体系中，没有一件事是不能改进的，也就是说都可以做得更好。我可没有说目前大家做得不好，我们确实很努力。然而像所有进步的大公司一样，我们也很需要新产品、新市场以及新的办事程序，这要靠积极主动又能干的人来推动，这些人都是责任最大的人。"

主动本身就是一种特殊的行动，一种美德。那些积极主动去做好本职工作的人，不管在哪一行都很吃香，他们的位置自然得到了巩固和提升。

主动去做你应该做的事，随时准备展现你超过老板要求的工作表现。换言之，如果你对自己的期望比老板对你的期望还高，那么你就无须担心自己的位置不保，无须担心自己会被老板解雇。

如果你想与自己的位置保持长期性的关系，你就要永远保持主动率先的精神，不等老板交代，便主动做你应该做的事，纵使面对缺乏挑战或毫无乐趣的工作，都要勇往直前。这样你将会获得老板的奖赏。当你养成这种主动、自发的习惯时，你所在的位置便会更加稳固了。

不必老板交代，主动去做自己应该做的事，同时为自己的所作所为承担责任。那些位高权重的人，都是因为他们以其主动性的行为，证明了自己勇于承担责任，而赢得他人信赖的。

成就大业之人和凡事得过且过的人，他们之间根本性的区别在于：前者总是主动、自发地去行动，并懂得为自己的行为承担责任；而后者与之恰好相反，他们不仅不会主动、自发地去做自己应该做的事，即使是在老板交代了之后，他们都不会立即去做。

这些没有主动性的人，他们之所以不会自发地去做自己应该做的事，一般有两种原因：一种是自以为“聪明”，总是趁老板不在时赶紧“忙里偷闲”；另一种是不知道应该用什么方法可以有效地去完成自己的本职工作。

工作中缺乏主动性的人，其一生中的大部分时间往往都是处于失业状态。于是，他们很容易遭到他人的轻视，除非他有一个非常显赫的家庭。就算是如此，上帝也会在街道拐角处拿着大棍在耐心地等待他！主动性、自发性的基本构成要素是进取心。

进取心是一种极为珍贵的美德。它促使一个人去做他应该做的事，而不是接到老板的吩咐后，处于被动性的状态时，才迫不得已去做。

在进取心的驱使下，具有强烈进取心的员工，总是积极主动地去做好本职工作，而不是在接到老板的吩咐后，才被动地去做。因此他工作时，不会有压迫感，而是享受到工作给他带来的生活乐趣，有一种非常愉悦的感觉。此时，他所从事的工作，已经不再是原来意义上的那种工作了，而是成了一种非常有趣的游戏。

“等我有空的时候再说吧。”这是没有进取心的人常挂在嘴边的口头禅。到底有没有所谓的“空”的时间呢？

其实这句话的实质是在推脱。对于任何一个人来说，他的每一分钟都是“一寸光阴一寸金”。如果一名员工在工作时，说出类似这句话的任何一种说辞，都意味着：他不是主动、自发地去完成自己的本职工作，而是在老板交代了之后还不会立即行动去完成老板分配的任务。这种类型的员工，能否巩固自己的位置可想而知。

我们退一步来看，那些有“等我有空的时候再说吧”这一习惯的员工，等到他真的“有空”的时候，更确切地说是不能再拖的时候，他或许会证明这件事“不应该去做”，没有能力去做或者已经来不及了，其中最好的那种是硬着头皮去做。此时他工作起来会有一种压迫感，备感工作的艰辛，而且极其烦闷。

要想成为有进取心的人，你首先必须克服拖延时间的恶习，养成一种主动性、自愿性的好习惯来对付这一坏习惯，把它从你的个性中剔除，扔到垃圾箱里。

你知道吗？那种把你本应该在昨天、上个月甚至去年、几年前就应该完成的事拖到明天去做的坏习惯，正在腐蚀着你意志中最不可或缺的部分——主动性，你应该马上割掉这个毒瘤，把它从你的意志中根除。否则，你将被它完全腐化，那么你终将一事无成。

拖拉应付、敷衍了事的毛病，可以使一个百万富翁很快倾家荡产。相反，每一位成功人士以及那些得到老板赏识的员工，都是那些主动、自发、认认真真、兢兢业业地做好本职工作的人。

这是一个人人都已非常熟悉的事实：老板喜欢具有主动率先精神的员工，欣赏有进取心的职员。

不必老板交代，主动地去完成自己应该做的事，一定会让你获得不错的声誉。这一无形资产对你来说是一笔巨大的财富，对你巩固自己的位置会起到关键性的作用。因为当你的老板把你和那些没能提供此种主动性服务的人相比较的话，你们之间的差别是十分明显的，你自然是处于优势状态。那么，巩固你所在的位置便是水到渠成了。

行动才是关键

在一本杂志上看到这样一则小故事：一个中国人第一次去美国的自助餐厅吃东西。开始的时候，他一个人坐在空桌上等人给他下菜单，可过了很长时间也没有人理会他。最后，一位端了一大盘食物的女士坐到他的对面，告诉他自助餐厅是怎样运作的。

“从那头开始，”女士说，“沿着这条路，拿你想吃的食物。在另外一头，服务员会告诉你应该付多少钱。”

这个中国人突然明白了在美国生活是怎么回事了。就像自助餐厅，只要你能付得起，就可以拿任何你想要的东西。但是如果坐在那儿等着别人将东西拿给你，那你永远都不会得到。你必须自己行动起来，去争取得到自己想要的东西。

其实，不只是在美国要有这样的意识，在世界上的任何一个角落，在任何事情上面，要想得到自己想要的东西，只有行动起来。正所谓“心动不如行动”。只要有了成功的想法之后，就应该立即行动，然后才会有实现的可能，如果不付诸行动，一切都只能是空谈。

一家公司举办了一个营销培训会议，很多营销人员赶来参加。这确实是一次别开生面的会议，他们学到了很多东西。在会议将近结束的时候，营销总监走上讲台。

他没有多说什么，只是让大家站起来，看看周围有什么发现。所有人都觉得不能理解，但还是站了起来，一脸茫然地四处张望。突然，有人大声说自己在桌子下找到10元钱。不一会儿，不断有人说自己在椅子上、桌子下、地板上找到了钱。

就在众人都一头雾水的时候，营销总监笑笑说："其实我们这样安排，只是想让大家明白这样一个道理：只要你动了起来，就一定会有所收获。"

很多事情其实就是这样简单，行动比什么都重要。要想领略"一览众山小"的胸襟，只有爬上山顶；要想体验大海的波澜壮阔，只有驾船出海；要想让自己取得成功，只有行动起来。除此之外，别无他法。

一位年轻人向举世闻名的雄辩家询问："世界上最为高明的辩论技巧是什么？"

"最高明的雄辩之术有三点：第一是行动；第二还是行动；第三仍然是行动。"

任何华丽的词藻都比不上立即行动更具有说服力。当事实就摆在我们眼前的时候，任何言语都将是浪费。

乔格尔家拥有着大量的土地。在乔格尔16岁的时候，他的父亲去世了，管理和经营家产的重担就落在了乔格尔的肩膀上。在18岁的时候，他开始按照自己的想法对家园进行了大规模有力的改造，结果取得了很大的成就。

那时的农业还处于极为落后的状况。广阔的田地还没有圈起来，农夫也不知道如何灌溉和开垦土地。农夫们工作虽然很辛苦，但是生活依旧十分贫困，他们连一头马都养不起。

在乔格尔的家乡，当时连一条像样的路也没有，更不用说有什么桥了。那些买卖牲口的商人要到南边去，只得和他们的牲口一起游过河。一条高耸入云的布满岩石的羊肠小道挂在海拔数百英尺高的山上，这就是通往这个村庄的主要通道。

农夫要进出村子都非常困难，更不用说和外界进行贸易了。乔格尔意识到：要想生活有所改变，就得先改变生活了多年的环境。他决心要为村子修建一条方便快捷的道路。当老者们知道了这个年轻人的想法后，都嘲笑他异想天开，不知道天高地厚。几乎没有人支持他，也没有人相信他能修出一条路来。

乔格尔没有因为别人的意见而放弃，他召集了大约2000名劳工，在一个夏日的清晨，他和劳工们一起出发了，他以自己的实际行动鼓舞着大家。经过了长达2年的艰苦劳动，以前一条仅仅只有6英里长的充满危险的小道变成了连马车都能顺利通行的大路。

村子里的人看着眼前的大路，不得不为自己的无知而羞愧，也被年轻人的毅力和能力而折服。乔格尔没有就此停止自己的行动，他后来又修建了更多的道路，还建起了厂房，修起了桥梁，把荒地圈起来加以改良、耕种。他还引进了改良耕种的技术，实行轮作制，鼓励开办实业。大家都很奇怪这个年轻人永远有着别人想不到的主意。

过了几年，在乔格尔的带领下，这个曾经一度很贫穷的小村庄变成了这一带有名的模范村。原本吃饭都成问题的农夫，成为拥有一定产业的“有钱人”。乔格尔也成为大家敬佩的带头人。他不甘于安逸享乐的生活，致力于开创性的事业，后来成为英国议会议员，在这个重要的岗位上发挥着自己的作用。

没有比脚更长的路，也没有比行动更坚韧的东西。只要我们行动起来，许多原本看似不可能完成的事情也会做到，这就是行动的魅力所在。

不要把情绪带到工作中

在现实生活中，我们周围总是有这样一群人，每天早上起床后，便背着“情绪包袱”开始一天的工作、生活。在这些人的眼里，天空总是灰色的，太阳总是惨淡的。他们的心里堆满了垃圾，脸上阴云密布，嘴里不时地唠叨，抱怨着：

“今天一出门就塞车，真倒霉！”

“这鬼天气真热，简直能把人烤焦，还让不让人活了？”

“我买的这股票又被套牢了！”

这种类型的人有一个共同的特点：他们总是把周围环境中的美中不足的事情放在心上，被周围事情的指责和消极念头捆住了手脚，使他们很难体验到快乐。因为高兴的事他们总是抛到脑后，总想着过去没解决的问题和矛盾，把不顺心的事总是挂在嘴上，写在脸上。每天每时，他们都有很不开心的事。一讲话就是从前的灾祸，现在的艰难和未来的倒霉。

在这样一种精神状态下工作，不难想象，犯错误的概率肯定比心态平和时要高。工作中屡屡犯错，导致许多新的不顺又在后边等着他，以至于受到老板的批评等等。

由于带着情绪工作，使他所抱怨的倒霉事情，连连实现了。于是，他又开始带着情绪去工作，开始新一轮的抱怨：沮丧——出错——倒霉。如此，便背着“情绪包袱”进入了一个恶性循环的怪

圈。

到最后，连他自己也不明白：我的运气为什么总是这样差？我为什么总这样倒霉？那些能力不如我的人为什么干得比我还好呢？

其实，导致人们情绪不佳的事往往都是日常生活中经常发生的一些小事情：

听到别人在背后对你非议会产生坏情绪。

年纪愈来愈大会产生坏情绪。

失恋会产生坏情绪。

寂寞会产生坏情绪。

这些事每个人都会遇到，明智的人会对其一笑置之。因为他们清醒地认识到，“万事如意”虽是人们真诚的祝福，但那只是一个美好的祝愿而已。真正的工作、生活中不如意的事经常发生，我们不可能保证事事顺心，但能做到坦然面对，该放则放。

因为有些事是不可避免的，有些事是无力改变的，有些事是无法预料的。能补救的则可以尽力去补救，无法改变的就应坦然受之，调整好自己的心情去做应该做的事情。

生活中非理性的因素很多，那些不会驾驭自己情绪的人，往往会因为这些非理性的因素而使自己的情绪失控。于是这种类型的人时常带着情绪去工作，在抱怨、不满中消耗自己的生命。

不要把个人的情绪作为工作的主旋律：千万别把一些垃圾总堆在心里；把乌云布在脸上，牢骚总挂在嘴上。否则，你所抱怨的倒霉事会变成事实，导致一些不应该有的后果——你将发现职场中没有自己的容身之地。

阴暗的心情，会在心底播下不良的种子，只能给自己带来不良的后果，并且会反复地作用下去。比如带着情绪工作，往往会导致工作失误，工作失误会给公司带来利益损失，公司的利益受到损失同时意味着老板的利益受到损害，老板会因自己的利益受到损害而追究责任，最后结果只能是出现工作失误的员工受到批评，或记过处分，或被老板解雇。无论出现哪种情况，都会导致这名员工产生坏情绪，接着他又带着情绪去投入工作，新一轮的反复又开始了……

其实世界上没有什么事情是不可以改变的。美好、快乐的事情会改变；痛苦、烦恼的事情也会改变；你曾经认为不可以改变的事，过几年后，你就会发现，其实很多事情都改变了。

人就是这样，当你以一种豁达、乐观向上的心情工作时，眼前就会呈现出一片光明；反之，当你将思维囿于忧伤的樊笼里，眼前就变得暗淡无光了。长此下去，你不仅会将最起码的信念和拼搏的勇气泯灭，还会将身边那些最新最真的快乐失去。

对每个人来说，工作给你带来的欢乐是组成你生命之链上最真实可靠的一环。这种如同空气一样充塞在身边的欢乐才是最重要的。

所以，无论你遇到什么事情，都不要把情绪带到工作中去。尽量以明朗的心情去工作吧！以“过去已经成为过去，今后的情况一定会变好”的心态去全身心地投入到工作中。你会发现，一切确实很美好。

人类与动物的区别正是人能主动积极地创造、实现梦想，来提升自己的生命品质。所以，有效率的人士为自己的行为及一生所做的选择负责，自主选择应对外界环境的态度和方法；他们致力于实现有能力控制的事情；他们通过能力提升效率，从而扩展自身的关注范围和影响范围。

我们虽然不能控制客观环境，但我们可以选择对客观现实做何种反应。不把情绪当做工作的主旋律，其含义不仅仅是采取行动，还代表对自己负责的态度。个人行为取决于自身，而非外部环境，并且每个人都有能力也有责任创造有利的外在环境。

其实，一个人完全有能力使自己在工作中保持愉快的心情。只要你愿意，你会发现开心地工作是世界上最开心的事。

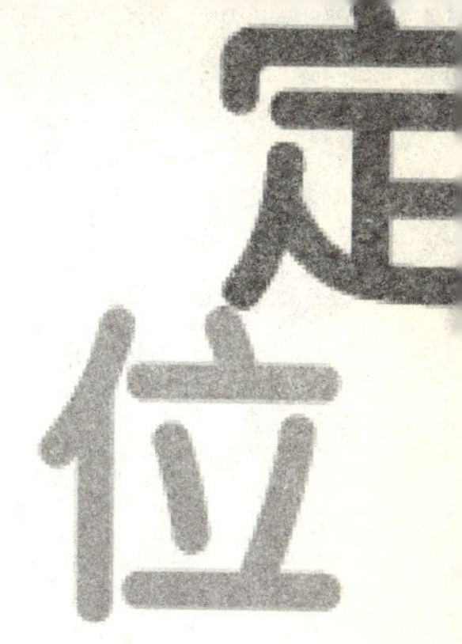

要懂得自律

任何人在过马路时，都会遇到这样的情形：在亮着红灯的路口，本来要过马路的你忽然发现，道路上此时并无车辆通过，而交通警察也不在眼前。这时，你是否还会老老实实地等绿灯亮了再过马路？

或许你会认为，既然路上没有车，那交通安全就不会有问题，提前一步过马路就可以节省时间，有何不可？等绿灯亮了再过马路，实在没必要。

也有人认为，碰上这种情况，身边的人都过去了，我一个人留在原地不动岂不是很傻？这时候还摆什么高素质，随大流走才是正确选择，免得被人笑话。

还有一部分人认为，红灯停，绿灯行，有车没车一个样，这是一种需要自觉坚持的文明习惯。不仅是过马路，很多时候，比如工作中，都离不开自觉坚持，自我督促。所以，是否等到绿灯亮起再过马路，不仅仅是个行走的问题，它反映了一个人文明素质的高低。 没车就闯红灯，这是素质不高的表现。简单说，就是在红灯面前，老老实实等着没有错。

越是车少，往往车速越快。此时你闯红灯想快一点，一旦碰上紧急情况就可能猝不及防、闯出大祸。

违规者是不懂得交通法规，还是不爱惜自己的生命？恐怕都不是。对更多人而言，无非一是恶习难改，规范的行为方式让他们似乎很难做到；二是从众心理，别人能过我也能过。正是如此，在我们身边，闯红灯成了久治不愈的交通痼疾。

虽然上面我们讨论的是过马路的问题，可如果立足于如前所述的基点上，接下来所谈的就不只是关于行走的话题了。

在有无外在约束和监督的条件下，人们的表现往往会大不相同。比如有些员工在老板的监督下工作十分努力，表现很好，一旦老板不在公司，就偷懒耍滑，采取一种应付态度，能少做就少做，能躲避就不做。

一种行为，一种规范，如果离开了外部的约束，也就是说在没有外在监督和约束的环境中，就可以随意改变把握的尺度，做出另外选择的话，那岂不意味着没有执法人员盯着就可以随地吐痰；没有人看见，就可以乱扔垃圾；司售人员不留神，就可以乘“免费”车；老师不注意就可以随便作弊；老板不在，就抓紧时间“忙里偷闲”……

有位公司老板招聘员工，其方式别出心裁：让面试者在市中心随意游览，自己静静观察。凡是闯红灯的人，即使硬件符合招聘要求，也让其出局。他说：“交通行为是一面镜子，这面镜子映照一个人的素质。通过这面镜子可以看出一个人素质的高低。小事不在乎，有无监督两个样，这种人不能用。”

接着这位老板又解释说：“认为闯红灯这种行为是‘不拘小节’的人，他们自以为这是精明，是灵活处事，其实大错而特错。因为不认真遵守规章制度的行为，往往会导致一个人形成对任何事都无所谓的不良心态。没有车辆，没有警察监督他敢闯红灯，那么同理，老板不在的时候，他就敢于闯工作中的‘红色警戒线’。这也是为什么我用过马路这件小事来测试员工，其目的就是以小见大，看他们是否具有自律、自制这种优秀的习惯。”过马路时闯红灯可能是件小事，可是有的人却因此与本来属于自己的位置有缘无分。

对于负面的事，有的人会假设：“即使我做得不够好，老板也可能看不见，就算看见了，也可能放一马”；而对于正面的事，他也会假设：“即使我做得好，老板也可能看不见，自己岂不是‘徒劳无获’，就算老板看见了，万一不给额外的奖赏，自己不是白干吗？”

在这个基础上，一个人不可能做到老板在和不在不一样干，而很有可能是老板在与不在都不好好干。如果你是老板，站在老板的立场上考虑，你会雇用这样的员工吗？

老板不是监工，也不会用眼睛盯着你，实际上也没有必要这样做。因为他可以通过你的工作业绩来判断你是否一直在努力工作。

显然，老板在与不在一样努力工作的员工和老板在与不在不一样干的员工，他们的工作绩效不可能相同。工作业绩优异的员工属于前者，会得到老板的赏识，自然就能够巩固自己的位置；工作业绩长期性差的员工属于后者，自然会淘汰出局。

过马路时，没车和没有警察监督就有人会闯红灯；老板不在，有的员工会“忙里偷闲”、迟到、旷工，在上班时间做与工作不相干的事。可见，外在的硬性约束不是最有效的行为规范。

最严格的行为标准是一个人的内在标准，这种标准是自己设定的，不具有外附性。它才是最有效的行为准则。如果你对自己的工作标准，比老板对你的要求还高，那么你当然能够做到老板在与不在一样干。

肩负你的责任

“5．12”汶川大地震已经过去几年时间了，但带给人们心灵上的震撼仍未消失，这种震撼不仅来自自然带给人类的灾难，更多的是来自人类面临灾难时表现出来的那种心灵上的感动。

在一座大楼坍塌的废墟上，搜救人员看到这样一幕：一位年轻母亲的身底下紧紧抱着一个五六个月大的婴儿。这位年轻母亲已经没有呼吸了，搜救人员是顺着孩子微弱的哭声找到她们母子俩的。母亲的左手拿着一部手机，人们在上面看到这样一条信息——“孩子，如果你能活下去，别忘了，妈妈爱你……”

在楼层坍塌的瞬间，这位年轻的母亲把生的希望留给了自己的孩子，而把自己暴露在落下来的水泥石块之下。这就是责任，一位母亲爱护自己孩子的责任。在我们的生命中，任何人都不应该推卸那份属于自己的责任，它是维系我们人类繁衍生息的纽带。

亲情的责任让人感动，友情的责任让人感到幸福，爱情的责任让人感到忠诚。我们不能推卸责任，因为推卸了责任，就等于伤害了我们的亲情、友情和爱情。我们每个人都是在别人对我们的付出中生活，我们也应担起责任，让别人能在我们的付出中更好地生活。每个人的一生，都是在这样的一种关系中度过的。社会需要责任，因为责任能够让社会平安、稳健地发展；企业需要责任，因为责任让企业更有凝聚力、战斗力和竞争力；家庭需要责任，因为责任能让一个家庭更和睦、更美满；

我们也需要责任，它能使我们更加坚定，更加优秀。

老张是个退伍军人，退伍后经朋友介绍来到一家工厂做仓库保管员。虽然工作很平凡，也不繁重，但老张对待工作非常认真，他认为虽然岗位平凡，但是既然让他来管理，仓库里的大小事他都得负责，并且保证不能出差错。

他不仅每天按时关灯、关好门窗、注意防火防盗等，还将来往的工作人员的提货项目记录下来，将货物有条不紊地码放整齐，并从不间断地对仓库的各个角落进行打扫清理。

3年下来，仓库没有发生一起失火失盗案件，其他工作人员每次提货也都会在最短的时间内找到所提的货物，节省了很多找货的时间。就在工厂建厂20周年的庆功会上，厂长按老员工的级别亲自为老张颁发了奖金。这招来了许多老职工的不满。老张才来厂里3年，为什么能拿老员工的奖金?

于是厂长说道：“这3年中我没有检查过厂里的仓库，那是因为老张作为一名普通的仓库保管员，能够时时刻刻对自己的工作尽职尽责，不出半点差错，还积极配合其他部门人员的工作，我对他很放心。比起很多职工，老张的工作做得无可挑剔，他应该拿到这个奖励。”

马克斯·韦伯在其名著《新教伦理与资本主义精神》中写道：“职业思想引出了所有新教教派的核心教理：上帝应许的惟一生存方式，不是要人们以苦修的禁欲主义超越世俗道德，而是要完成个人所处地位赋予他的责任和义务。这就是人的天职。”

及时调整你的工作定位

有一些人或许有这样的经历和感受：那就是他们对自己也有很高的定位，也知道自己应该往哪个方向努力，想要达到的目标是什么，可感觉就像打靶一样，子弹总是偏离靶心的位置。其实，出现这种情况是正常的。我们所处的环境时刻在发生着变化，我们对自己的定位也应该据此做出必要的修正，不然我们所有的努力都只能像脱靶的子弹，永远也不会打在成功的靶心上。

很多人应该都听说过摩洛·路易斯，他的非凡成就的取得，就得益于他对自己定位的两次修正。

在9岁的时候，摩洛随着家人一起搬到了纽约。他的家人都爱好音乐、喜剧，在这种环境的熏陶下，他也成为一个小音乐天才，几乎能演奏所有的乐器。很多人都认定，他将来肯定会成为一名出色的交响乐团指挥。谁知12岁的摩洛却开始学卖鸡蛋，且还做得有声有色，因为生意好，还雇了很多人为他工作；14岁的时候，他独立组织了一个舞蹈团；高中毕业，他又投身新闻界，担任一名采访记者，并与许多新闻界老前辈一起工作。后来他又到Veiw广告公司任职。

对于他在Veiw广告公司的情况，他后来回忆道："记得，那时候我经常在外面跑，一天的工作非常忙碌，用别人的一句话说就是成天像疯了似的。我们是6点下班，下班后我还要到哥伦比亚大学上夜校，主修广告。有时候，由于工作尚未完成，下课后，我还要从学校赶回办公室继续工作。从11点工作到第二天凌晨两点。”

20岁时，摩洛放弃在广告公司内很有发展的工作，决心自己创业。这次创业是摩洛人生的第一次拼搏。他从事的是创意的开发。这是一个全新的事业，没有人知道结果会是什么样的。

摩洛的创意，主要是说服各大百货公司，通过一些电视节目或电视公司，成为纽约交响乐节目的共同赞助人。他本人认为此法可行。一方面当时的百货公司业绩不好，都希望能借助广告媒体提高形象与销售成绩；另一方面，交响乐在纽约的听众众多，有很大的发展潜力。

说服许多家独立的百货公司，分别采纳各公司的意见加以整合，这种事情过去从未有人完成过，更别说要他们拿出几百万美元的经费来。大部分人都认为他会失败。

摩洛并未因此消沉，反而更加积极地在各地进行说服工作。结果是任何人都没有想到的，他做得非常出色，并且得到了许多企业的认可。那些认可他的企业都觉得摩洛的创意很有价值。电视台对摩洛提出的策划方案也很接受。在接下来的时间里，他干劲十足地和电视台经理一同展开一连串的广告活动。摩洛为此得到了巨大的利益。

当我们在进行一项工作的过程中，或许开展得并不比别人差，甚至比其他人要好些，但它并没有带来我们想象中的那种成功感，此时就应该像摩洛在Veiw广告公司一样，重新审视现在从事的这份工作、审视这个行业与自我。我们不应该害怕修正，甚至改变现在的定位会让我们失去拥有的一些东西。请相信，我们只有扔掉一些，才能有更多的收获。在这个世界上，永恒不变的只有变化本身，我们也只有改变才可以有更进一步的成就，这正如美国著名的成功学大师拿破仑·希尔指出的那样：“没有改变，就没有新的开始，也就不会有全新的生活，而新的生活是从给自己重新定位开始的。”

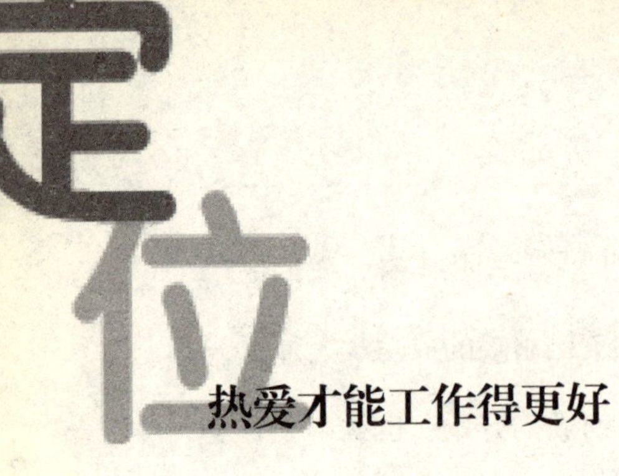

热爱才能工作得更好

乔·吉拉德以连续12年平均每天销售6辆汽车的纪录荣登“世界吉斯尼纪录大全”，并被称为世界上最伟大的推销员。人们都无不惊叹他何以能取得这样突出的成就。

有一次，有个人问他是干什么的，吉拉德说自己是汽车推销员。

听到回答后，对方不屑一顾：“你是卖汽车的啊？”

乔·吉拉德听出了对方语气中的蔑视，于是大声说道：“是啊，我以自己是个推销员为荣，我爱我的工作。”

《致加西亚的信》中的主人公罗文说：当他一穿上军服，浑身上下顿时就会充满无穷的力量，就仿佛一匹随时奔向草原的烈马：四肢有力，目光锐利，头脑活跃。一旦接受了某项任务，他就会全心全意地去完成，任何困难都难不倒他。因为他热爱这份工作，这就是理由。

在完成把信送给加西亚这项任务之前，他已经完成了几项看起来根本不可能完成的任务，这也就是中情局局长阿瑟·瓦格纳上校之所以会如此肯定地对总统说：“如果有人能把信送给加西亚，那么这个人一定就是罗文。”

可以肯定的是，世界上任何成就的取得，都离不开热情这种具有魔法般功效的力量，而要使自己对某一件事情焕发出热情来，首先就必须对它有热爱之情。乔·吉拉德以自己是一个推销员为荣，罗文一穿上军装浑身就充满无穷的力量，也正是因此，他们才会取得别人望尘莫及的成就，完成别人认为根本不可能完成的任务。

我有一个朋友，记得他大学毕业刚来到北京时，可以说是身无分文，住的房子里面除了一张床、一个桌子之外，其他的什么东西也没有了，平时的一日三餐都无法保障。他找了一份销售的工作，刚开始的时候一个月只能拿到几百元的底薪，认识他的人都劝他还不如换一份技术类的工作，这样工资也相对会高一些，可他却说："我认为做销售更适合我，也更有前途，虽然现在生活是有些困难，可这只是暂时的，等我的销售技巧熟练了，我就一定可以拿高薪的。"

后来的事实证明了他的决定是正确的。一年之后，他每个月拿到的工资已经是他当初的5倍了，而且还升到了销售经理的位置，并且公司分给了他股份，他的前途可以说是一片光明。这个时候，他十分感慨地说："幸亏那时我没有换其他的工作，如果换了的话，我肯定不会取得今天这样的成绩。其实，当时我坚持做销售的最主要原因还是我喜欢这样的工作,热爱才能做得更好，也才能成功！"

"热爱才能做得更好"，事实上确实是这样的。我们常常听到好多人抱怨："工作真辛苦！真希望一辈子不用工作。"工作是我们赖以生存的手段，也是我们得以实现自我价值的载体，世界上任何一个人都必须通过工作来生活。工作诚然是辛苦的，世界上也没有任何工作是不用付出便能有所收获的。要想做出一番成就来，就必须付出。其实，只要你能从事自己喜欢的工作，把工作当成一种乐趣，那么，工作对你来说，就是一种快乐，这样你就不会感觉到辛苦。当你把工作当成一种乐趣，并且一辈子做它的时候,事实上你是在从事你的“兴趣”，而不是在工作。

从出生的那一刻起，世界呈现在他眼前的就是一片漆黑。为了生存，他便继承了父亲的职业——花匠。

听人说花是五颜六色、姹紫嫣红的，可他却看不到这些，他只是在有空的时候，用指尖去轻轻地触摸着花朵，然后把鼻子凑过去小心地嗅一嗅花香。他在自己的心底里勾勒出了花的娇态，并给不同香味的花添上了不同的色彩。

他比任何一个人都更爱花，每天都要给花浇水，隔一段时间还要拔草除虫。他手边总是准备着一把伞，下雨的时候就替花遮雨，太阳毒的时候就替花遮阳……他对花如此的呵护备至，使得很多人都觉得奇怪，仅仅是花而已，值得这么做吗？不过，他的花确实是全城里长得最好的。从这里经过的人，大老远就能闻到一股醉人的花香，于是人们也总会停下脚步来，欣赏一番满园的玫瑰、菊花、牡丹……五彩斑斓的花，每每让人流连忘返。

花匠也许是再普通不过的职业了，可盲人用自己的热爱和心血，让花长得分外娇艳。由此可见，无论是任何一个人，只有真心地热爱自己的事业，并为之付出自己全部的热忱，就一定能够做出让人艳羡的成绩来。

播种习惯，收获命运

一个良好的习惯能帮助我们在人生的道路上走得更为通畅，而不良的习惯却是我们失败的主要原因，所以不管个人生活还是交际处世，我们都必须积极培养一个良好的习惯。

培根说过：“习惯是人生的主宰。”的确，良好的个人习惯的形成对一个人的成长和发展是极为重要的。不良的习惯会让你终生受其害，而好的习惯，会帮助你一步步走向成功。综观古今中外，许多成功的人士之所以能够成功，并不是因为他有多么高的智商，而是良好的个人习惯成了他们的助推器。

美国的罗斯福总统是美国历史上最有影响力的总统之一。人们在分析他成功的经历时发现，他的成功得益于他本身养成了许多好的习惯，而这使得他克服了很多的困难，最终成就了伟大的业绩。

关于自己的习惯，罗斯福总统是这样描述的：“只有通过实践锻炼，人们才能够真正获得自制力。也只有依靠惯性和反复的自我训练，我们的神经才有可能得到完全控制。从反复努力和反复训练的角度而言，自制力的培养在很大程度上就是一种习惯的形成。”

罗斯福总统很注意自身的修养，他曾罗列出自己13个最坏的习惯，然后坚持每段时间改正一个，最后终于把这些坏习惯统统改掉，他还注意体育锻炼，使得自己养成了果断坚毅的性格。也正因为如此，他才取得了一系列伟大的成就，他是美国历史上最年轻的总统，并曾获得诺贝尔和平奖。

一个人的习惯，通常能体现一个人的品格。一个好的习惯，有时也会成就一个人的事业。

美国福特公司名扬天下，不仅使美国汽车产业在世界独占鳌头，而且改变了整个美国的国民经济状况，谁又能想到该奇迹的创造者福特是因为一个小小的纸屑而进入公司的呢？那时，福特刚从大学毕业，他到一家公司应聘，一同应聘的几个人学历都比他高，在其他人面试时，福特感到没有希望了。当他敲门走进董事长办公室时，发现门口的地上有一张纸，他很自然地弯腰把它捡了起来，看了看，原来是一张废纸，就顺手把它扔进了垃圾篓里。董事长把这一切都看在了眼里。福特刚说了一句话："我是来应聘的福特。"董事长就发出了邀请："很好，福特先生，你已经被我们录用了。"这个让福特感到惊异的决定，实际上源于那个不经意的动作。从此以后，福特开始了他的辉煌之路，直到把公司改名，让福特汽车闻名全世界。

另一个例子是关于前苏联宇航员加加林的。40多年前，加加林乘坐"东方"号宇宙飞船进入太空遨游了108分钟，成为世界上第一个进入太空的宇航员。这个荣誉不是每个人都能得到的，他能在20多名宇航员中脱颖而出，是一个良好的习惯成就了他。在确定人选时，20个候选人实力相当。在学习之前，主设计师发现，在他们之中，只有加加林一个人是脱了鞋进入机舱的，其实脱鞋进入机舱只是他的习惯，他怕弄脏机舱。主设计师看到有人对他付出心血和汗水的飞船这么爱护，当时是多么感动啊，当即就决定让加加林执行试飞任务。

不要小看这么一个小小的细节，一个下意识的动作往往是出自一种习惯。一个好的习惯，有时真的可以改变你一生的命运!

还有一个故事，是这样讲的：一个人，家里非常的穷，但他一直都梦想着有一天能过上很好的生活。有一天，他梦到自己见到了上帝，便对上帝说：“我一直都对您很虔诚，请您保佑我过上好的生活吧！”上帝想了想说：“好吧，那我就告诉你一个秘密：在世间有一块小小的石子，叫点金石，它能将任何一种普通金属变成金子。点金石现在就在黑海的海滩上，和成千上万的与它看起来一模一样的小石子混在一起，但秘密就在这儿。真正的点金石摸上去很温暖，而普通的石子摸上去则是冰冷的。只要你能找到它，那你就会过上幸福的生活了！”

这个人于是对上帝千恩万谢，第二天一早醒来，便迫不及待地变卖了家中的所有财产，然后又买了一些简单的装备，收拾收拾上路了。他来到了黑海海边，在海边扎起了帐篷，便开始捡那些石子。

他知道，如果他捡起一块普通的石子并且因为它摸上去很凉就将其扔在地上，他有可能几百次都捡起同一块石子。所以当他摸到冰凉的石子的时候，就将它们扔进大海。他这样干了一整天，结果却一无所获。第二天，他又开始工作，捡起一颗，凉的，然后扔进海里。一天，一月，一年……他还是没有找到那块点金石，他每天就这样捡着，摸着，扔着……

但是有一天，他捡到了一块石子，而且这块石子是温暖的……但他随手就把它扔进了海里。他已经形成了一种习惯，那就是把他所捡到的石子统统扔进海里，哪怕是他真正想要的那个已经来临。

他还是那样捡着、扔着，直到有一天，有人在帐篷里发现了他的尸体。他这一生，从没有过上他梦寐以求的那种生活，他只是在不停地捡着石子。

你有什么样的习惯，就会导致什么样的人生。让我们记住下面这句话：播下一个行动，你将收获一种习惯；播下一种习惯，你将收获一种性格；播下一种性格，你将收获一种命运。

不要消极地对待自己

消极意识是进取的最大敌人。对于一位渴望事业有成的人来说，低估自己的能力是通往成功路上的一道巨大的无形屏障。因为它对人的进取心具有极大的破坏性，更有甚者它使人丧失进取心，自甘平庸，最后走上自取灭亡的道路。

小李是一家火车餐车上的司闸员，铁路上的人都非常喜欢他，旅客们也非常喜欢他。因为他总是乐呵呵的，无论你问他什么问题，他都快乐地回答。但是，他总是过于松散，有时候还喝点酒。要是有人向他提意见的话，他总是绽放出他那特有的灿烂微笑，用极其平和的语调说："谢谢您的关心，没关系的，我感觉好极了。不用担心。"他的语调是那么平和，那么轻描淡写，连提醒他的朋友都觉得自己是不是有点小题大做，将危险夸张了。

在一个寒冷的晚上，路上遇到了大风暴。他们的火车晚点了。小张开始不停地发着牢骚，抱怨这个鬼天气给自己带来了许多额外的事情，他不时偷偷地从一个小瓶子里往嘴里倒一点酒。不一会儿，他开始兴奋起来，显得很高兴，又开始说说笑笑了。而火车上的列车员与司机都一直保持着高度的警惕，密切地注视着路面情况与天气变化。

就在火车行驶到两个火车站中间的时候，火车猛然间停下来了。原来是火车引擎的气缸盖爆裂了。情况非常危急，因为过几分钟就有一辆快车要从同一条轨道上经过。列车员飞快地跑到后车厢去，告诉小张赶快打开红灯让火车向后退。这个司闸员哈哈大笑说："不用急，不用急，等我把外衣穿上再说。"

列车员非常严肃地对他说："一分钟也不能再耽误了，那辆快车就要开过来了。"

"好好好。"小张微笑着答应道。于是，列车员又匆匆跑到司机那儿。

可是，这位司闸员并没有立刻做这件事。他先停下来，穿好他的外衣。然后，又把那一小瓶酒掏出来喝了一口，想这样可以御寒。做完了这些后，他才慢吞吞地拿起灯笼，一边自在地吹着口哨，沿着火车轨道悠闲地踱着步子。他走了还没有十步远的时候，就听见那辆快车呼啸而来的声音。他拼命地往拐弯处跑。

但是已经太晚了。可怕的事情发生了。那辆飞驰而来的列车一下子撞在了停着的餐车上，将餐车挤成一团，旅客的尖叫声与蒸汽的嘶嘶声交织在一起，一片混乱，一片狼藉。

后来，人们想起来了，问小张哪儿去了。他失踪了。后来人们在街头看见了一个疯子，手里还拿着一个空荡荡的灯笼，对着人说："喂，看见我有这个吗？"

小张疯了。

可见，如果一个人消极地对待自己，给人的不是小小的挫折或者短暂的失败，有可能是致命的打击。

这就是说，消极思维的结果，形成了被消极环境束缚的人。消极思维者就像把整个鸡蛋连壳吞掉的人。他不敢挪动身体，害怕鸡蛋会弄破，又不敢坐着不动，生怕鸡蛋会孵出小鸡。

持续的消极思维会产生以下六种结果：

第一种：消极思维会在关键时刻散布疑云。

一个人在生活中老是寻找消极东西的话，就会成为一种难以克服的习惯。这时候，即使出现好机会，这个消极的人也会看不到、抓不着。他会把每种情况都看做一个障碍接着一个障碍。

障碍与机会之间有什么差别呢？主要在于人们对待事物的态度。亚伯拉罕·林肯被认为是美国历史上最伟大的总统。林肯说过：“成功是屡遭挫折而热情不减。”正确的做法是，在彻底考察事物积极面之前，决不接受消极的东西。积极思维的习惯养成之后，人们就比较容易在关键时刻做出明确的决定。

第二种：消极思维有传染性。

俗话说：“毛色相同的鸟聚成一群。”这话实在很正确。物以类聚，人以群分。聚在一块儿的人则互相影响，逐渐靠拢而变成一个样。

人们大概注意到结婚多年的夫妇行为逐渐变得一样，甚至连外貌也相似。而思维方式的同化是最明显不过的。跟消极思维者相处得太久了，你就会受他的影响。接触消极思维者就像接触到原子辐射。如果辐射剂量小，时间短，你还能活，但持续辐射就要命了。

第三种：消极思维使人悲观。

你大概跟事事悲观的人接触过。譬如屋顶漏水，这种人就认定暴风骤雨就要来临。他们把人生看成一片灰暗，大难临头。这些人的座右铭就跟墨菲定律一样，你大概听说过墨菲定律："任何事情都看似容易，实质很难；任何事情所费时间都比你预期的多；任何事情都会出差错，而且是在最坏的时刻出差错。"

然而，用麦克斯韦尔定律看待人生，则是："任何事情都看似很难，实质不难；任何事情都比你预期的更令人满意；任何事情都能办好，而且是在最佳的时刻办好。"

信奉墨菲定律的人，消极思维使他们从错误的角度看事情。而成功人士则总是从最佳的角度看待机会，做出判断。

第四种：消极思维使希望泯灭。

看不到将来的希望，就激发不出现在的动力。消极思维摧毁人们的信心，使希望泯灭。它慢慢地，但不停地使消极思维者意志消沉，失去任何动力。

第五种：消极思维限制了人的潜能。

消极思维者不但想到外部世界最坏的一面，而且想到自己最坏的一面。他们不敢企求，所以往往收获得更少。遇到一个新观念，他们的反应往往是："这是行不通的，从前没有这么干过。没有这主意不也过得很好吗？这风险冒不得，现在条件还不成熟，这并非我们的责任。"

所罗门国王据说是世界上最明智的统治者。在《圣经》箴言编23章第7节中，所罗门说："他心怎样思量，他的为人就是怎样。"

换言之，人们相信会有什么结果，就可能有什么结果。人不可能取得他自己并不追求的成就。人不相信他能达到的成就，他便不会去争取。当一个消极思维者对自己不抱很大期望时，他就会给自己取得成功的能力封了顶。他成了自己潜能的最大敌人。

第六种：消极思维使人不能享受人生。

在人生的整个航程中，消极思维者一路上都在晕船。无论目前的境况如何，他们对将来总是感到失望。许多人信奉的是索姆定律：凡是事情看好的时候，你肯定疏忽了某些东西。

在消极思维者眼中，玻璃杯永远不是半满的，而是半空的。他们预期得到人生中最糟糕的东西——而且确实会得到。这些人使我想起一个年轻的登山者。那时他正在跟一个经验丰富的向导在白雪覆盖的高山上攀登。一天清晨，这个年轻的登山者忽然被一阵巨大的爆裂声惊醒。他以为是世界末日了。这时，老练的向导告诉他："你听到的不过是冰块在阳光下碎裂的声音。这不是世界末日，而是新的一天的开始。"

如果我们想把人生尽情发挥，展现我们的潜能，享受人生之旅，我们就必须在任何环境中乐观积极。

安排好自己的时间

你安排运用自己时间的能力是获得成功必须具备的最重要的技能之一。如何有效地运用时间，对我来说一直是一项巨大的挑战。我发现自己经常为了满足各种各样的人方方面面的要求而忙得晕头转向，应接不暇。也常常发现自己胡乱忙于一些完全可以避免的杂事。

在大多数人眼中，如何有效地安排运用时间使人生变得更复杂。他们发现自己必须学会安排时间才能获得成功，必须清除抛弃一些琐屑杂事以便为重要事务腾出更多的时间。

如何向他人指派任务曾是我面临的一项最艰巨的挑战。在一生中的大多数时候，我几乎总是事事都想亲力亲为。作为一个完美主义者，我认为只有我自己才能准确无误地完成一项任务。每当我考虑让其他人去为我完成这些事的时候，我就会想："他们一定做不好的，我肯定会重新返工。"于是我会打消假手于人的念头，最终可能还是自己完成了。与他人一起分担责任是件很困难的事。

事后回想，我才发现我的这种想法降低了工作效率和生产力。现在我正在努力地改变我的心态。

大多数人都有一种使一切尽在自己掌握之中的心理需要。他们害怕让其他人对事情的结果负责。

我现在已经认识到，虽然你非常有必要了解完成整个任务的每个环节，但是每一环节都亲力亲为却并非明智之举。如今我只负责去做自己最擅长的部分，其余的工作雇别人来完成。我不会亲自修理自己的车，我不会去修理家中的下水管道。

我把这些工作都交给相关领域的专家们，让他们去做那些自己最擅长的工作。由此，我不仅消除了那一类麻烦事给我带来的头痛沮丧，还将自己解放出来自由地去做那些更重要的事，那些我精通擅长的事，那些人们支付酬劳让我去做的事，那些我能从中收获无限乐趣的事。

把你的时间安排来做那些能产生最大效益的事情。专心致志地去完成正确的任务，远比仅仅正确地完成任务要重要百倍。关键在于选择最适合自己的任务。

一寸光阴一寸金，你的时间是珍贵无价的，你所虚度的每一分钟将消逝无踪，永不再来。这正如劳顿所说："时间一去永不再返。失去一个朋友还可能再找回来；失去金钱可以再赚回来；错过的良机也可能会再来。然而，被懒散所耗费的时光永远不可能回来。晚餐后的闲适时间，有人将之利用，最终获得事业的成功；也有人贪于享受，致使事业毁于一旦。"

"那本书要多少钱？"一个在富兰克林书店的门厅徘徊了一个小时的男子问道。

"1美元。"店员回答道。

"要1美元！"那个徘徊良久的人惊呼道，"你能便宜一点吗？"

"没法再便宜了，就得1美元。"

这个颇有购买欲望的人又盯了一会儿那本书，然后问道："富兰克林先生在吗？"

"在的，"店员回答道，"他正在印刷车间工作。"

"哦，我想见一见他。"这个男子坚持道。

书店的老板富兰克林被叫了出来，陌生人再一次问："请问那本书的最低价是多少，富兰克林先生？"

"1.25美元。"富兰克林斩钉截铁地回答道。

"1.25美元！怎么会这样子呢？刚才你的店员说只要1美元。"

"没错，"富兰克林说道，"可是你还耽误了我的时间，这个损失比1美元要大得多。"

这个男子看起来非常诧异。但是，为了尽快结束这场由他引起的谈判，他再次问道："好吧，那么告诉我这本书的最低价吧。"

"1. 5美元。"富兰克林回答道。

"1.5美元！天哪！刚才你自己不是说了只要1.25美元吗？"

"是的，"富兰克林冷静地回答道，"可是到现在，我因此所耽误的工作和丧失的价值要远远大于1. 5美元。"

时间就是金钱，时间就是价值。从富兰克林这位深谙时间价值的书店主人身上你知道时间的宝贵了吗？你有珍惜时间、充分利用时间的好习惯吗？

学会舍弃和放弃一些细枝末节，不要为了千方百计想节省几美元而不惜耗费大量宝贵的时间。在决定着手实施一项工程之前，先详细地做一个成本估算。问问自己这工程将占用自己多少时间，而完成它是否将为你带来相应合算的回报和效益。通过这样的估算，你时常会发现有些事情对你没有太大的益处，放弃反而更好一些。

不要为了自己所受的一些无关紧要的不公正对待和委屈而浪费时间来据理力争。忘掉那些令人不愉快的琐屑小事，集中精力去完成下一个任务。

有些人说话喜欢长篇大论，滔滔不绝，要他们精简谈话简直是不可能的事。他们常常乐此不疲、口若悬河地谈论一些絮絮叨叨的琐屑话题，而不是爽快利落地陈述完自己的观点就结束谈话。

商业成功的关键在于你是否具备专心致志处理手中重要事务并能持之以恒地去完成下一个任务的能力。要彬彬有礼地与人交谈，使自己的谈吐简洁有力，富有成效。这无论对你或他人而言都是有益的。

有效安排时间的另一个难题是如何拒绝他人，学会对他人说“不”。如果有人邀请你去做什么事，但你实在抽不出空余时间去完成，那么你就将自己的实际情况向对方据实以告，坦诚谢绝对方的邀请。你的时间是宝贵的有限的，而事情是永远做不完的。不要对自己过于严苛，过量耗损自己的精力。

学会合理高效地运用自己的时间能助你获得成功。每天花一点时间来分析自己的日常活动，由此明确自己是如何运用时间的，对一切情势了然于胸。仔细评估每一项活动的价值和重要性，放弃并排除那些效益最少的事务。

将自己每一天、每一周以及每一个月必须完成的任务按照重要性的大小等级列成一个详尽清晰的表单。然后，着手去完成其中最重要的任务，将这种办事方式变成自己的习惯，坚持不懈地做下去，你就会获得成功。